天然草地合理利用途径与灾害防治

杨 巍 苏德毕力格 尚洪磊 包 扬

赵艳华 吕凤春 裴 盈 白玉丽 耿雅妮 著

U0307439

中国商业出版社

图书在版编目（CIP）数据

天然草地合理利用途径与灾害防治 / 杨巍等著 . --
北京 : 中国商业出版社 , 2023.10
ISBN 978-7-5208-2699-0

Ⅰ . ①天… Ⅱ . ①杨… Ⅲ . ①草地资源 – 资源利用②
草地 – 病虫害防治 Ⅳ . ① S812

中国国家版本馆 CIP 数据核字 (2023) 第 214946 号

责任编辑：王　静

中国商业出版社出版发行

（www.zgsycb.com　100053　北京广安门内报国寺 1 号）

总编室：010-63180647　编辑室：010-83114579

发行部：010-83120835/8286

新华书店经销

定州启航印刷有限公司印刷

*

710 毫米 ×1000 毫米　16 开　14 印张　200 千字

2023 年 10 月第 1 版　2024 年 1 月第 1 次印刷

定价：68.00 元

* * * *

（如有印装质量问题可更换）

前 言

　　草地，作为地球上覆盖广泛的生态系统之一，在维持生态稳定、生物多样性，调节气候，以及人类的经济生活等方面都有着不可忽视的作用。随着人类活动的加剧，草地生态系统的健康和可持续性引起了全球科学家和决策者的关注。本书深入解析了草地的基本概念、种类、特性、功能，以及利用和保护的各种具体技术与方法；深入研究了草地面临的主要灾害种类及其防治措施等，希望为草地生态系统的认识和保护提供全新的视角与启示。

　　第一章内容包括草地基本释义、中国草地种类、草地的分布、草地的特征与功能，有助于人们更全面地了解草地生态系统的特性，及其在全球生态环境中的重要地位和作用。

　　第二章和第三章论述了草地的利用技术和保护措施。描述了草地当前利用状况，介绍了草地保护的具体措施，探讨了合理利用草地的技术，包括放牧草地和割草地的合理利用技术。

　　第四章介绍了天然草地干草利用技术以及牧草青贮技术。这些技术对于充分利用草地资源，满足人类对食物和能源的需求具有重要意义。

　　第五章探讨了草地面临的主要灾害种类，包括草地火灾、生物灾害、气象灾害、陆生野生动物疫病与外来生物入侵，以及地质灾害。这些灾害对草地生态系统的影响不容忽视。

第六章着重介绍了针对各种草原灾害的防治措施，提出了具体的防治方法，目的在于保护草地生态系统，维护生物多样性，以及减轻人类活动对草地生态系统的负面影响。

第七章探讨了如何构建草原监测体系。通过建立草原"一张图"，完善草原调查监测体系，构建完整的草原调查监测网络，以及创建草原监测管理信息决策平台，以期提高草地保护和管理的效率与效果。

我们希望本书能够为读者提供一份全面、翔实的草地生态系统参考资料，以期引发读者对草地生态系统的深入理解和关注，从而对草地的保护和合理利用做出有益的贡献。我们也希望本书能促进相关研究领域的专业人士对草地生态系统的理解和保护。

作者

目 录

第一章　草地概述

第一节　草地基本释义

一、草地

草地指主要生长草本植物的土地，可能还混生有灌丛和稀疏的乔木。这样的土地既能为家畜和野生动物提供食物和生产场所，也能为人类创造优良的生活环境，提供多种生物产品，因此具有多重功能。草地也是生物资源和草业生产基地。

草地生产的实质在于利用草地和家畜构成的特殊生产资料，实现能量和物质的流转。草地作为世界上面积较大的土地生物资源，拥有多样的功能。除了传统的功能，即生产饲用植物供家畜放牧或刈割后饲喂家畜，以生产畜产品外，草地在现代社会还具有更多的功能。第一，草地可以牧养野生草食动物，为食肉类、鸟类和昆虫等非牧养的野生动物提供栖息地。第二，草地因美丽景观和绿色环境为人们提供了旅游、娱乐和休息的好去处。第三，草地还提供野生药材、花卉和工业原料，保存和提供遗传资源，并有助于保持水土和恢复被破坏的土地。这些多元化的功能使草地成为不可或缺的重要资源。

二、草地资源

自然界中的天然草地，不是人类创造的，而是自然存在的实体。它蕴含着人们生活和生产所需的能量和物质，这使得它成为一种重要的自然资源。然而，只有在人类进行开发利用，产生产品和效益时，草地的潜在生产价值才能得以显现，这样的草地才能成为实实在在的草地资源。

简单来说，草地和草地资源之间的基本区别在于，草地是一种自然实体，是对分布于各地的各种类型草地的总称，它只具有潜在的生产能力。而草地资源是经过人类利用和经营的草地，它既是生产资料，也是环境资源。这种草地资源具有具体的数量、质量和分布地域，是草地经营的实体，它将草地的潜在生产力转变为实际生产力。然而，由于开发利用的条件和程度的限制和影响，在特定地点和特定时间内所能展现的生产力，可能与草地的潜在生产力有所不同。可能是尚未充分发挥，也可能是过度使用。随着生产的发展，草地资源的内涵应该扩展为所有天然、人工、副产品饲草料资源的总体。

在现在的自然界中，完全脱离人类经营影响的草地自然体已经相当罕见，我国藏北高原、昆仑山、阿尔金山无人区还存在着这样的草地。因此，天然草地基本上都已经具有了资源的含义，所以草地和草地资源常常被混用。区别草地和草地资源，不仅要从科学的角度分析，还要突出资源的生产性和经济、生态意义。通过利用和经营，人类将草地自然资源转化为产业、产品和效益，变为实际的草地资源，改变传统的对草地只是自然体的局限认识，是一个重要的学科发展方向。

草地资源经过人类的经营和利用，形成产品，这是一个生产和经营的过程，通常称为草地生产。现在，草地生产已经在全球范围内发展成为一个产业，也就是草产业。由于发展潜力很大，草产业已被誉为现代中国的"朝阳产业"。

草地资源，是基于人类的努力，转化而成的有实际生产能力的实体。这种资源既包括生产资料，也包括环境资源，具有明确的数量、质量和地理分布，可以成为草地经营的实体。

然而，需要注意的是，由于受到开发利用条件和程度的制约，实际生产力可能与潜在生产力存在差距。一方面，草地可能尚未得到充分利用，其潜在生产力尚未完全发挥出来；另一方面，草地可能存在过度开发的问题，导致草地资源的破坏和枯竭。因此，需要寻求一种平衡，既要充分发挥草地资源的潜在价值，也要保护这些资源，使其具有可持续性。

草地资源具有以下几种特性。

（一）整体性

草地资源包括气候资源、土地资源和生物资源，以及人类的生产劳动要素，它们相互叠加，形成了一种具有特殊功能的复合资源。当构成草地的要素发生变化时，整个草地生态系统就受到影响，从而改变整体特性。

（二）地域性

由于地球自身因素、地球与太阳的关系，地面太阳辐射、陆地距海洋的距离、海拔高度等都会发生变化，这些变化造就了地球上各种各样的生态环境。这些不同的生态环境使得草地资源的质量展现出了差异性，从而形成了地域性特征。

（三）可更新性

草地资源具有可更新性。在合理的管理和运营条件下，草地资源能够不断更新。这意味着，只要合理地利用和保护草地资源，草地就能够持续提供人们所需的资源。

（四）不可逆性

草地的发展过程具有不可逆性。在人类的生产活动影响下，草地的发展和变化将会越来越快，越来越猛烈。这种变化是绝对的，也是不可逆的。

（五）数量有限但生产潜力无限

草地资源的数量有限，但其生产潜力却是无限的。虽然草地资源的数量有限，但随着科技的不断发展和应用，草地的生产能力可以相应得到提高。例如，通过人工种植，可以创造出新的草地资源。

草地资源是一种具有整体性、地域性、可更新性、不可逆性，数量有限但潜力无限的资源。理解和把握这些特性，对于正确利用草地资源，保护草地生态系统具有重要意义。

就地理分布而言，草地的范围远超过耕地和森林。由于农业和林业对环境中的水热条件有特定需求，耕地和森林在全球的分布受到一定的限制。然而，草地畜牧业主要利用的是当地土生的饲用植物，饲用植物群落存在的地方，就可能有草地。草地对环境中的水热条件具有广泛的适应性，因此世界各地存在着众多类型的草地和相应的草地畜牧业生产类型。

研究表明，在相同的环境条件下，森林和草地的植物量非常接近。在干旱地区，草地的地上植物量较小，地下植物量较大。森林的地上植物量是多年积累的，而草地的地上植物量则主要是一年的积累。

在我国，牧区草地主要分布在 11 个省（区），面积最大的是西藏，第二是新疆，第三是内蒙古，第四是青海。其他包括四川、甘肃、宁夏、黑龙江、吉林、辽宁以及河北的牧区和半牧区县（旗）。南方的草地分布较为分散，主要在山区和丘陵地区，广泛分布在 1 000 多个县市中。如果能够充分开发利用南方热带、亚热带山区和丘陵地区的草地，用以饲养粮食畜禽，则全国家畜饲养量将有可能翻倍，展望其未来，潜力无限。

第二节　中国草地种类

草地是指那些主要覆盖草本和半灌木的土地，而这些土地上还可能生长灌木和稀疏的乔木。在这类土地上，植被覆盖度必须超过 5%，而乔木的郁闭度则要小于 0.1，灌木覆盖度则不超过 40%。此外，用于放牧和割草的土地也被纳入草地的定义中。

草地主要分为天然草地和人工草地。

（一）天然草地

如果草地上的优势种是自然生长形成的，且这些自然生长的植物的生物量和覆盖度占草地总量的 50% 以上，那么这种草地就被定义为天然草地。

根据中华人民共和国农业部发布的《草地分类》（NY/T 2997—2016）标准，天然草地的类型被分为类和型两个级别。处于同一气候带并且具有相同植被型组的草地被划分为同一类，全国的草地被划分为 9 类。在草地类中，如果优势种和共优种相同，或者优势种和共优种的饲用价值相似，那么这些草地就被划分为同一型。全国草地总共被划分为 175 个型。

草地分类，如表 1-1 所示。

表1-1 草地分类表

编号	草地类	范围
A	温性草原类	主要分布在伊万诺夫湿润度（以下简称湿润度）0.13 ～ 1.0、年降水量 150 ～ 500 mm 的温带干旱、半干旱和半湿润地区，是以多年生草本植物为主，有一定数量旱中生或强旱生植物的天然草地
B	高寒草原类	主要分布在湿润度 0.13 ～ 1.0、年降水量 100 ～ 400 mm 的高山（或高原）亚寒带与寒带半干旱地区，以耐寒的多年生旱生、旱中生或强旱生禾草为优势种，是有一定数量旱生半灌木或强旱生小半灌木的草地
C	温性荒漠类	主要分布在湿润度 <0.13、年降水量 <150 mm 的温带极干旱或强干旱地区，以超生或强旱生灌木和半灌木为优势种，是有一定数量旱生草本或半灌木的草地
D	高寒荒漠类	主要分布在湿润度 <0.13、年降水量 <100 mm 的高山（或高原）亚寒带与寒带极干旱地区，是以极稀疏低矮的超生垫状半灌木、垫状或莲座状草本植物为主的草地

编号	草地类	范围
E	暖性灌草丛类	主要分布在湿润度 >1.0、年降水量 >550 mm 的暖温带地区，以喜暖的多年生中生或旱中生草本植物为优势种，是有一定数量灌木、乔木的草地
F	热性灌草丛类	主要分布在雨季湿润度 >1.0、旱季湿润度 0.7～1.0、年降水量 >700 mm 的亚热带和热带地区，以热性多年生中生或旱中生草本植物为主，是有一定数量灌木、乔木的草地
G	低地草甸类	主要分布在河岸、河漫滩、海岸滩涂、湖盆边缘、丘间低地、谷地、冲积扇扇缘等地，受地表径流、地下水或季节性积水影响而形成的，是以多年生湿中生、中生或湿生草本为优势种的草地
H	山地草甸类	主要分布在湿润度 >1.0、年降水量 >500 mm 的温性山地，是以多年生中生草本植物为优势种的草地
I	高寒草甸类	主要分布在湿润度 >1.0、年降水量 >400 mm 的高山（或高原）亚寒带与寒带湿润地区，是以耐寒多年生中生草本植物为优势种，或有一定数量中生灌丛的草地

（二）人工草地

如果草地上的优势种由人为栽培，且自然生长的植物的生物量和覆盖度占草地总量的比例小于 50%，则这类草地被划分为人工草地。人工草地包括改良草地和栽培草地。

第三节　草地的分布

草地作为陆地上面积较大的生态系统，对发展畜牧业、保持生物多样性、保持水土和维护生态平衡，都有重大的作用和价值。我国草地主要分布在西北地区、西南地区和华北地区，其余区域草地分布较少。

草地是主要生长草本和灌木植物并适宜发展畜牧业生产的土地。它具有特有的生态系统，是一种可更新的自然资源。研究表明，草地在防风固沙、涵养水源、保持水土流失等方面的功效并不比森林逊色。我国草地资源80%以上分布在西部和北部，它重要的地理位置使其成为首都和整个华北、东北地区环境保护的绿色屏障。我国草地大都分布在长江、黄河、淮河、珠江等几大水系的源头和中上游区，保护好草地植被也是减少水土流失、控制水患的重要保障。

我国草地资源的主要类型是天然草地，其他草地次之。我国草地资源主要分布在西部、中部和北部地区，主要包括西藏自治区、青海省、甘肃省、新疆维吾尔自治区、内蒙古自治区。

在东北地区、华东地区、华南地区、华北地区、华中地区、西南地区、西北地区这七大地理分区中，西北地区、西南地区及华北地区草地资源占比较大，而东北地区、华东地区、华南地区、华中地区占比较小。我国草地资源集中分布于构造地貌，褶断侵蚀高原、山地、丘陵分布居多。

其中青藏高原地区草地资源主要为天然草地，集中分布于褶断侵蚀高原（山地）的构造地貌单元内；新疆草地资源主要为天然草地，集中分布于褶断侵蚀山地、丘陵的构造地貌单元内；内蒙古草地资源主要为天然草地，集中分布于褶断侵蚀高原、平原、山地、丘陵的构造地貌单元内，而其他草地在湖沼地貌中分布较多。

第四节 草地的特征与功能

一、草地的特征

在我国，草地作为一种具有重要生态价值的自然资源，展现出了鲜明的地域特征。下面从七个方面对我国草地的特征进行论述。如图 1-1 所示。

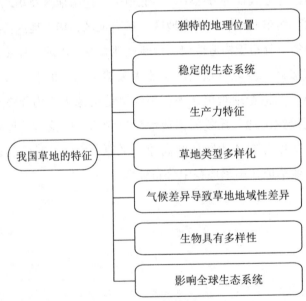

图 1-1 我国草地的特征

（一）独特的地理位置

独特的地理位置是我国草地生态系统的关键特征。我国的大部分地域有着极具挑战性的地理环境，生态系统呈现出多样性和复杂性。

我国草地的多样性主要是由其地理位置的多样性造成的。由于纬度的变化，我国的草地生态系统在南方和北方具有明显的差异。在南方，主要在广西、云南等地的亚热带气候区域，由于年均气温较高、降水量丰富，形成了以高大的象草和乔木为主的亚热带草地。比如，在云南的大理，象草的平均高度可以达到 2.5 m，个别甚至有 3 m 以上。而在北方，尤其是在东北三省和内蒙古等温带气候区，因为气温较低，降水量较少，主要以低矮的禾本科草类为主。

我国草地的多样性还与海拔的变化有关。我国西部高原地区的高寒草地，如青藏高原海拔普遍超过 4 000 m。在此区域，自然环境条件严酷，形成了具有特殊适应性的草地植被。以青藏高原为例，尽管其年均气温低至 $-1\text{℃}\sim-2\text{℃}$，年降水量仅有 $200\sim400$ mm，但仍能生长出高寒植物，如高山羊茅、高山早熟禾、刺蒿等。这些植物具有抗寒、抗旱、抗风等生存能力，成为高寒草地的主要植被。

我国草地的地理位置特性造成了其生态系统的多样性和复杂性。这种特性不仅为我国草地生态系统的研究提供了丰富的素材，还为草地的保护和管理带来了挑战。未来，需要进一步深化对我国草地生态系统的研究，发现更多关于我国草地的地理位置特性，以此指导草地的保护和管理，促进草地生态系统的可持续利用。

（二）稳定的生态系统

草地生态系统的稳定性是评估其健康程度和可持续性的重要指标。我国草地的稳定性体现在其广泛的生态适应性和生物多样性上，无论是沿海湿润的草地，还是内陆干旱的草地，都能通过物种多样性和生态过程的调控，维持稳定的生态系统。

沿海湿润的草地，如江苏盐城的草地，由于常年受海洋性气候影响，降水量充足，形成了湿润草地生态系统。即使在强风、暴雨等自然干扰下，或是城市化、土地利用变化等人为干扰下，草地生态系统也能通过物种多样性和生态过程的调控，保持稳定。以盐城湿地珍禽国家级保护区为例，其中有 190 种浮游植物、83 种固着性海藻、236 种种子植物、98 种浮游动物、8 种腔肠动物、62 种环节动物、142 种软体动物、3 种腕足动物、83 种甲壳动物、10 种棘皮动物、299 种昆虫、150 种鱼类、18 种爬行动物、9 种两栖动物、365 种鸟类、15 种哺乳动物，生物丰富多样。即使在干扰下，生物群落也可通过物种间的竞争和协作，调控生态过程，以保持生态系统的稳定。

内陆干旱的草地，如甘肃敦煌的草地，由于降水量少、蒸发量大，形成了干旱草地生态系统。在此种环境下，草地生态系统同样展现出了惊人的稳定性。例如，尽管长期受到风蚀、沙化等自然干扰，以及农业耕作等人为干扰，但是敦煌草地依然能保持稳定。据研究，敦煌草地拥有约 200 种植物，其中大多数是抗旱性强的禾本科和莎草科植物，它们通过调节生物量分配和生长速度，适应干旱环境，维持草地的稳定。

我国草地的稳定性体现在其生态系统的韧性和多样性上，无论是在自然还是人为的干扰下，通过物种多样性和生态过程的调控，都能保持生态系统的稳定。这是我国草地的一项重要特性，也是未来草地保护和管理工作的重要依据。

（三）生产力特征

我国草地的生产力特征是其生态研究的核心部分。虽然我国的草地总面积在全球草地中占据相当大的比例，但由于国家人口众多，人均草地面积相对较小。据统计，我国草地总面积约为 400 万 km²，而人口数量在 14 亿左右，因此人均草地面积不足 0.003 km²。这样的情况使得草地资源的有效利用及其管理显得尤为重要。

草地既是畜牧产品的主要生产地，也是人类的重要生活空间，但是在满足人民生活需求的同时，保持草地生态系统的可持续性是一项很大的挑战。草地的过度开发往往会导致草地质量下降、生态系统功能退化，甚至出现荒漠化现象。例如，在过度放牧的影响下，内蒙古的一些草地植被被严重破坏，草地荒漠化现象严重。国家林业和草原局数据显示，内蒙古是全国荒漠化和沙化土地最为集中、危害最为严重的省区之一。

在满足人民生活需求的同时，如何保持草地生态系统的可持续性，这是草地管理者需要面对的挑战。为了实现这一目标，有必要在草地利用过程中实施科学的管理策略，通过优化草地利用方式，提高草地生产效率，同时减轻对草地环境的压力。例如，在草地放牧管理过程中，可采取轮牧、定额牧等方式，减轻草地的压力。此外，通过科学的草地恢复技术，如播种、灌溉、施肥等，也可以有效提高草地的生产力，从而满足人民的生活需求。

我国草地的生产力特征在一定程度上反映了草地资源的利用效率和生态系统的健康状况。因此，如何提高草地的生产力，使草地资源既能满足人民的生活需求，又能保持生态系统的可持续性，是草地科学研究的重要课题。

（四）草地类型多样化

我国草地的多样性是其鲜明特征之一，这一特性得益于我国独特的地理环境和气候条件。我国草地位于亚洲东部，纵跨了多个纬度带，包括热带、亚热带、温带、寒带等，加之地势起伏变化，导致了我国草地类型的多样化。

从北至南，从东到西，我国草地的丰富性极为显著。例如，在东北地区寒带气候条件下，可以见到广袤的森林草地。这些草地上主要覆盖着冷季耐受性强、生长季节短暂的禾本科和莎草科植物，包括许多如羽毛草、狼尾草等优势物种，其生态功能主要包括维持水土保持，提供野生动物栖息地等。

在温带的华北地区，草地植被主要以禾本科的羊草、猪毛蒿等为主。这里有着优越的地理位置和丰富的物种，同时具有高生产力和丰富的生物资源，为牧业提供了广阔的发展空间。

在西部高寒地区，如青藏高原，高寒草甸、高山草甸等草地类型广泛分布。这些草地由于生长在海拔较高的地方，气候条件严酷，草地植被具有很强的抗寒性和耐旱性，物种主要以高寒植物为主，如高山早熟禾、高山蒿草等。此类草地在涵养水源、防风固沙、保护生物多样性等方面发挥着重要作用。

我国草地的多样性不仅反映出了地理环境、气候条件的变化，还反映了草地生态系统在不同环境压力下的适应性。这为科学家研究草地生态系统的结构和功能提供了丰富的样本，也为草地资源的合理利用和保护提供了科学依据。因此，保护这些多样的草地类型，维护其生态完整性，既是我国草地资源管理的重要目标，也是当前草地科学研究的重要课题。

（五）气候差异导致草地地域性差异

我国草地的地域性差异主要受气候影响。我国草地跨多个气候带，包括热带、亚热带、温带、寒带等，气候差异显著。这种差异对草地生态系统的形成与分布产生了重要影响，使不同类型草地在物种组成、生物生产力、草地结构和功能上有了显著的差异。

例如，在内蒙古等干旱半干旱地区，由于降水少、蒸发强烈、气候干燥，主要分布有温带草地和荒漠草地。这些草地上主要以耐旱的禾本科和豆科植物为主，如羊草、猪毛蒿等。这类草地具有较高的生物生产力，是重要的畜牧业基地，且由于这些草地具有较高的碳储存量，对于缓解全球气候变化具有重要的意义。

再如，位于亚热带的江南地区，气候温暖湿润，降雨丰富，主要分布有湿润草地和水生草地。这些草地上物种丰富多样，生物生产力较高，生态系统稳定性强，具有重要的水源涵养和生物多样性保护功能。

我国的草地生态系统分布广泛，类型多样，反映了中国地理环境的多样性和复杂性。各类型草地在生物生产力、生态功能、保护价值等方面都有显著的差异，也面临着不同的保护和管理挑战。因此，对我国草地的认识和研究，不仅需要深入理解草地生态系统的基本生态过程和功能，还需要充分考虑气候因素对草地地域性差异的影响。这对于草地资源的合理利用、草地生态系统的保护和恢复，以及应对全球气候变化等方面都具有重要意义。

（六）生物具有多样性

我国草地的生物多样性是其显著特征之一，不仅在种群和物种层面表现出了多样性，还在生态系统层面形成了复杂且独特的网状互动关系。其中，禾本科、豆科、菊科等各类草本植物构成了草地生态系统的基础，为草地生态系统的稳定性和健康性发挥了至关重要的作用。

禾本科植物，如羊草、茅草等，是我国草地生态系统中的主要组成部分，它们通过根茎发育和种子传播的方式，迅速占领生态位，形成稳定的植被覆盖，为草地生态系统的稳定提供了基础。此外，禾本科植物也为草食性动物，如羊、牛等提供了丰富的食物来源，进一步维护了草地生态系统的稳定性。

豆科植物，如紫云英、野豌豆等，不仅能够提供优质的饲料，还能通过根系共生固氮菌的帮助，提高土壤的氮素含量，从而提高草地生态系统的生产力。同时，豆科植物的多样性使草地生态系统在物种层面上的多样性得以增强。

菊科植物，如蒲公英、雏菊等，在我国草地中也占有一席之地。这些植物除了自身具有较高的观赏价值外，还能为蜜蜂、蝴蝶等昆虫提供丰富的花粉和蜜源，有助于维护草地生态系统的稳定性和健康性。

在我国草地中，这些草本植物不仅自身具有很好的适应性，如对干旱、盐碱、寒冷等恶劣环境的耐受性，还为草食性动物、昆虫、土壤微生物等提供了丰富的生态位，形成了稳定的生态网，使得草地生态系统具有较高的抵抗力和适应性。

（七）影响全球生态系统

我国草地在全球生态系统中的地位不可忽视，其重要性不仅体现在地理面积广阔方面，还体现在其对于全球生态环境调控的重要作用。作为地球上的主要生态系统之一，草地的健康状态直接影响气候调节、水源保护以及生物多样性维护，而我国草地的这些功能在全球范围内更是起着决定性的作用。

我国草地在全球气候调节中起着至关重要的作用。一方面，我国草地通过光合作用，能够大量吸收大气中的二氧化碳，转化为有机碳，储存于植物体内以及土壤中，从而有力地降低大气中的二氧化碳浓度，在一定程度上抵消全球温室气体排放，防止全球气候变暖。例如，据中国科学院的研究，我国草地每年的碳汇能力可以达到 0.4 亿 t ～ 0.6 亿 t。另一方面，草地能够通过蒸腾作用，将大量的水分返回到大气中，形成云雾，影响大气的湿度和温度，进一步影响全球气候。

在全球水源保护方面，我国草地也有重要贡献。我国草地广泛分布在山区，这些山地草地作为水源涵养区，对水源的形成和保护具有重要作用。比如，青藏高原的高寒草甸就是亚洲重要的水源涵养区，为黄河、长江、澜沧江等多条重要河流提供了源头水源。而草地植被可以有效防止水土流失，保持土壤的水分，有力地维护了水源的稳定和水质的清洁。

对于全球生物多样性的维护，我国草地同样发挥着重要的作用。我国草地上生存着大量植物和动物，其中包括了很多全球重要的珍稀物种，比如藏野驴、黑颈鹤等。

在全球气候变化的大背景下，我国草地的保护和恢复对中国、对全球的生态安全都具有重要意义。只有全面理解并认识到我国草地在全球生态系统中的重要地位，才能更有效地开展草地保护工作，维护全球生态安全。

二、草地的功能

（一）生态功能

关于草地的生态功能可以从以下十一个方面进行详细论述，如图1-2 所示。

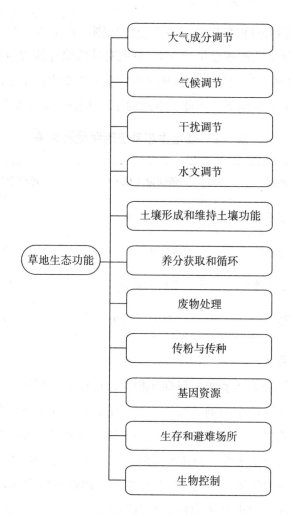

图 1-2　草地生态功能

1.大气成分调节

草地生态系统在调节大气成分方面具有重要作用，主要通过维持二氧化碳（CO_2）平衡、保持氧气（O_2）量来防止紫外线伤害，减少硫氧化物（SO_x）等有害气体。植物在地球上是唯一能够进行光合作用的生物，能吸收CO_2并释放O_2。全球植物每年向大气中释放约 27×10^9 t 的氧气，使大气中的CO_2和O_2达到平衡并保持稳定。

草地植物不仅向大气提供氧气，还能进行碳储存，这一过程有助于减缓大气中CO_2的积累以及温室效应的加剧。在土壤及其有机层中，大约储存了地球上陆地碳总量的3/4。草地对碳的储存能力与森林相当（见表1-2）。森林，特别是热带森林的碳储量主要集中在地上部分，而草地的碳储量则主要在地下。因此，草地的平均土壤碳密度大于森林。

表1-2　陆地生态系统碳储量及比率

生态系统	碳储量（亿 t）	碳储量比率（%）
草地生态系统	4 120 ～ 8 200	33 ～ 34
森林生态系统	4 870 ～ 9 560	39 ～ 40
农田生态系统	2 630 ～ 4 870	20 ～ 22
其他	510 ～ 1 700	4 ～ 7

2.气候调节

草地对气候的调节作用与森林相似，可以对全球和地区性气候因素如温度、降水等产生影响。在生长过程中，植物从土壤中吸收水分，并通过叶面蒸腾将水蒸气释放到大气中，这一过程能提高环境的湿度，降低地表温度的变化幅度，加速水循环，从而影响太阳辐射和大气热交换，起到调节气候的作用。草地具有草层覆盖，因此地面的热交换强度较小，温度相对于裸土更低且更稳定，积雪期更长，能促使近地面大气层和土壤的温度变化变小。

3.干扰调节

干扰调节指生态系统对环境波动的容忍、综合反应等，如沙化防治、洪水控制、干旱恢复等。

植被，包括森林和草地，在大气水循环中扮演着关键角色。它们具有截流、吸收和蒸腾降水的能力。在降水较少的温带地区，草层能够截留的降水高达总降水量的25%。然而，一旦植被被破坏，局部地区的水循环过程将会发生改变，大大减弱对降水的储存和调节能力，从而导致一系列生态环境问题的出现。其中，长江洪水和黄河断流都是由于江河源草地植被的破坏而引起的。

沙尘暴作为一种严重的生态环境问题和具有很大危害的气象灾害，已经引起了全球的关注，其产生的主要原因在于草地和荒漠的植被遭受严重破坏，导致土壤裸露，形成沙尘源。当大风频繁吹过，沙尘就会被吹向远方，从而造成大面积的严重灾害。尽管有许多治理风沙的方法和措施，但由于风沙的形成是由草地被破坏引起的，因此保护和建立以草灌为主、乔灌草相结合的植被应被优先考虑。

草地植被抵抗风沙的能力主要体现在以下几个方面。首先，草地植被低矮，每丛植株的背风面都能阻挡大量的流沙，有效降低近地面的风沙流动。例如，甘肃民勤县的未植被沙地，每年断面上通过的沙量平均为 $11m^3/m$，而在盖度为 60% 的草地上，过沙量只有 $0.5m^3/m$，仅为前者的 1/22。其次，它能减少和避免土壤破碎和吹蚀。最后，草地通过枯枝落叶、分泌物、苔藓地衣等进行降尘作用，能形成地表结皮，促进土壤形成，从而增强抗风沙的能力。

草地植被由旱生植物群落构成，具有出色的适应干旱干扰的能力。即使经历长期干旱，这种植被仍能恢复生机，如我国北方的草地植被常受春旱影响，有时要等到七八月才迎来首场降雨，但一旦降雨，草地就能立刻返青复苏。草地这种对干旱的适应性超越了森林和农田。

湿地草地的草根层和泥炭层拥有卓越的保水能力，有助于维持某一区域的水稳定性。另外，其巨大的水面有益于气候调节，可以提高空气湿度，阻止环境变得过于干燥，防止旱灾的形成。

4.水文调节

草地在水文调节方面发挥了重要作用，如提供水资源等。草地的植物和土壤能吸收和拦截降水，减缓径流速度。渗入土壤的水会通过无数小通道继续向下渗透，变成地下水，形成地下径流，进而补充河流的水量，实现水源的涵养。例如，富含苔藓的高寒灌丛草甸，其植物的截流、保水和土壤的吸水能力很强。

我国的主要河流，如长江和黄河，大多源自高山地区的草甸和沼泽，这充分证明了草地在水源涵养中的重要作用。以甘肃省玛曲县为例，其总面积为 1.02×104 km²，其中高寒草甸和高寒沼泽占地面积达到了总面积的 82.27%，成为黄河上游的重要水源补给地。黄河在经过玛曲县的时候，流量为 38.91 亿 m³/a，流过 433 km 后的第一曲，流量增加到了 147 亿 m³/a。在玛曲段，黄河的流量增加了 108.09 亿 m³/a，占据黄河源区总流量（184.13 亿 m³/a）的 58.7%，由此可见，草地在供应水资源方面具有很大的能力。

湿地草地植被能够减缓地表水流速度，使水中的泥沙得以沉淀，有机和无机的悬浮物及溶解物被截流，这不仅体现了草地的水源涵养能力，还说明了草地对于净化水源的重要作用。

5.土壤形成和维持土壤功能

草地在土壤形成和维护土壤功能方面也有重要作用，包括促进生态系统内的岩石风化和有机质积累，保持水土，防止土壤被风蚀和水蚀，以及保持和提升土壤的生态功能。生物对岩石的风化作用被称为生物风化，即微生物在岩石上产生的二氧化碳，硝化细菌产生的硝酸，以及硫细菌产生的硫酸，这些微生物的代谢产物都会导致岩石的风化。在干燥寒冷的草地区，生物风化尤为重要。例如，蓝绿藻和地衣使岩石表面变得疏松，形成成土母质。随着植物的生长和有机质的积累，这些成土母质逐渐转变为土壤。草地植被的根系和落叶为土壤提供了有机质，形成了土壤团粒结构，改善了土壤的构造，提高了土壤的肥力，促进了土壤的良性发展。

草地生物是改善土壤质量的关键因素。在草地土壤中，存在着大量的微生物和土壤动物，它们的生物量极大。在得到良好保护和科学利用的情况下，草地中的植物、土壤动物和微生物的遗体及其排泄物能够为土壤提供丰富的有机质，进一步提高土壤的有机质含量。

这些土壤微生物和土壤动物在草地生态系统中扮演着分解者的角色，它们将有机质分解，使之转变为植物可利用的矿物质状态。草地和草甸土壤的有机质含量通常高于森林土壤。例如，草地的黑土、黑钙土、暗栗钙土，稀疏草地的燥红土，草甸的草甸土，高山草甸土，以及沼泽的沼泽土等，它们的有机质含量都在 4% 以上。而高山草甸土和沼泽土的有机质含量甚至超过了 10%。

有机质的不断积累和分解，使草地不同类型土壤肥力达到最高，生态功能也相应提升到最强。这体现了草地生物对于改善土壤环境，维持和提升土壤生态功能的重要性，草地上层土中微生物、土壤动物的密度及生物量如表 1-3 所示。

表1-3　草地上层1m³土中微生物、土壤动物的密度及生物量

生物名称	密度（个）	生物量（g）
细菌	1×10^{15}	100.0
原生动物	5×10^{6}	38.0
线虫	1×10^{7}	12.0
蚯蚓	1000	120.5
蜗牛	50	10.0
蜘蛛	600	6.0
长脚蜘蛛	40	0.5
螨类	2×10^{5}	2.0
木虱	500	5.0
蜈蚣及马陆	500	12.5
甲虫	100	1.0
蝇类	200	1.0
跳虫	5×10^{4}	5.0

6. 养分获取和循环

草地生态系统中的养分获取和循环是一个复杂的过程，包括氮、磷和其他元素的获取、贮存和内部循环，以及对容易流失的养分的再获取。这个过程涉及三四十种对生态系统中的生命活动至关重要的元素。

这些元素通过各种路径进入土壤，然后被带负电荷的土壤微粒吸附和贮存。如果缺乏土壤微粒，这些营养元素将迅速流失。土壤还作为施肥的缓冲介质，吸附营养物质离子，在植物需要时释放。

草地中的固氮主要通过两种途径进行：非共生微生物固氮和共生微生物固氮。非共生微生物固氮主要依赖放线菌、真菌、酵母菌等的遗体，它们能增加土壤中的氮。例如，好氧性的固氮菌和厌氧性的梭菌能直接将空气中的氮合成蛋白质，蓝绿藻能使空气中的氮与氢结合供植物利用。这些非共生微生物每年可以固氮 $22 \sim 56 \ \text{kg/hm}^2$。

共生微生物固氮则依赖与豆科植物共生的根瘤菌，它们生活在豆科植物的根瘤内，在钼的催化作用下，以及植物中特殊形态的血红蛋白的参与下，将分子氮同化为有机氮，供给豆科植物利用。这种方式下栽培的豆科牧草，每年可以固氮 $56 \sim 670 \ \text{kg/hm}^2$。这种养分获取和循环机制对草地生态系统的稳定和生产力具有重要影响。

草地生态系统的特点是各种营养元素都有其独特的角色，并受不同化学键的约束，因此，每种营养元素都有自己特定的流动和循环路径。由于家畜的放牧、尿液排泄、草畜产品和活畜的转移等特殊因素，草地农业生态系统能够改变元素循环的路径和因分解而释放的营养比例，通过长循环的路径将元素带回草地。在这个过程中，家畜通过食草、咀嚼和消化，将植物体粉碎、缩小，从而加快物质循环的速度。如果没有或很少有食草动物，植物的营养物质将直接被溶解到土壤中，或者已经死亡的植物有机物将被分解，以便元素通过短循环的路径返回土壤。

7. 废物处理

草地生态系统也能处理过量和外来的营养物质和化合物，以消除毒性、消除污染。在草地上，植物和微生物可以自然生长，吸附空气或水中的悬浮颗粒和有机化合物与无机化合物,并将它们吸收、分解、同化或排出。动物则通过食物链对活的或死的有机物进行机械粉碎和生物化学消化。草地生物在生态系统中进行新陈代谢,摄取、分解、组合,伴随氧化和还原作用,使化学元素进行不断的化合和分解。在这个持续的过程中,改变了外来物质的性质和结构,保证了物质的循环利用,有效地防止了生态系统内部或外来物质过度积累引起的污染。同样,有毒物质在经过空气、水和土壤中生物的吸收和降解后,可以被消除或减少,从而控制和消除环境污染。

8.传粉与传种

在大自然中,多数的显花植物依赖动物传粉进行受精、结实,以及繁殖下一代,这样有助于种群的繁盛。动物传粉是一种特殊的互利共生现象,无法被人工取代。在已知的24万种植物的繁殖过程中,大约有22万种植物依赖动物传粉。农作物和牧草的70%需要动物传粉。如果没有动物进行传粉,农作物和牧草的产量将大幅度减少,甚至可能导致某些物种的灭绝。例如,青藏高原高寒草甸的麻花艽无法进行无融合繁殖和克隆繁殖,只能依赖昆虫传粉以进行有性繁殖和生存。自然界的传粉动物主要是野生动物,有10万种以上,包括蜂、蝇、蝶、甲壳类以及其他昆虫,还有蝙蝠和鸟类。传粉动物的数量和种群的减少都会对农林草业生产造成巨大的损失。

除了需要动物传粉,某些植物还需要动物帮助传播和扩散种子,有些甚至必须依赖特定动物的活动才能完成种子的扩散。比如,有60科3 000种以上的花卉依靠蚂蚁进行种子传播,而且这个数字还在不断增加。鸟类可以通过其羽毛、脚趾和脚蹼将种子传播到很远的地方。据报道,奶牛每天排出的粪便中含有车前种子8.5万粒,母菊属植物种子19.8万粒,牛粪堆成为这两种植物种子的集散地。

植物和动物在互惠共生的过程中,形成了一种协同进化的关系。在这种长期的互动中,动物为植物提供传粉和传种的服务,同时也获取了自身生长和繁衍所需的食物和营养。植物和动物的进化需求能互相促进对方的适应性。

9. 基因资源

多样性的生物基因资源成了地球上最宝贵的财富之一，促进了生态系统的生物多样性，这不仅是生产和生命服务的基础和源泉，还是维护生态系统稳定性的基本条件。草地上的丰富基因资源为人类提供了许多独特的生物和产品。据估计，地球上有大约 1 300 万种生物。

在人类历史中，大约有 3 000 种植物用作食物，包括几乎所有的谷物作物，如玉米、小麦、燕麦、稻子、大麦、谷子、糜子、黑麦和高粱，它们都源于草地。绝大多数的优质饲用植物品种都源自草地。草地是有蹄类动物的家园，几乎所有的家养草食动物，如马、牛、牦牛、山羊、骆驼，以及禽类，如兔、鹅、鸵鸟等，都来自草地。

除此之外，草地将在未来为人类提供更多新的医药和工业材料，新的农作物、牧草和家畜新品种，而这些都将来自具有特殊性状的物种和基因。

10. 生存和避难场所

草地是非常大的植物生长环境和动物栖息地，其生态范围很广。根据世界资源研究所的研究，草地占据了 19% 的公认的植物生物多样性中心区域，这些中心区域包含大量的物种，特别是那些在有限地区内发现的物种。同时，草地也占据了 11% 的特有鸟类区域，这些区域在相对较小的繁殖范围内，包含了至少两种以上的特有物种系列，以及 29% 的具有显著生物特色生态区域。

此外，草地还提供了有特殊要求的育雏地和越冬场所，满足了一些迁移动物，如天鹅、大雁、野鸭等水禽的特殊需求。同时，山地草地，尤其是高山草地，为丧失了在平地、低地生境和栖息地的植物与动物提供了庇护场所。这些避难所对于那些濒危的植物和动物来说尤为重要，它们在这些地方可免于灭绝。

11. 生物控制

草地生态系统由各种草本植物构成，这些生产者通过食物链和食物网与各种不同大小的草食性与肉食性动物建立了联系。这种联系把各种植物、动物以及它们之间的关系整合到一起。食物网不仅连接了生物与生物，也将生物与环境连成了一个网状结构。在这个网络中，每个环节都互相牵连、相互依赖，保持了生态系统的平衡。

例如，如果草地上的鼠类因为疾病大量死亡，依赖鼠类生存的鹰类就会面临食物短缺的危机。但这只是暂时的，因为鼠类数量的减少会使草地恢复繁荣，为兔类提供良好的生存环境。随着兔类数量的增加，鹰类又有了新的食物来源，而对鼠类的捕食压力也随之减少，使鼠类逐渐恢复到原有的数量，使草地重新达到平衡。

从草地管理的角度来看，如果管理水平低，冬春季节的牧草供应不足可能导致家畜因营养不良而死亡或数量减少，这也有助于维持草地的生态平衡，防止草地被彻底破坏。然而，在现代化管理条件下，当草地牧草不足时，最好的解决方案是将部分家畜移出草地，以保护牧草和家畜免受过度损害。

（二）经济功能

1.原材料生产

草地生态系统为人类提供了丰富的资源，其中包括燃料、医药、纤维、皮毛和其他多种工业原料。草地上的灌木、草类以及家畜的粪便常被人类直接用作生物质燃料，如在我国的草地牧区，这些类型的燃料占据了地区总燃料消耗的 30%～50%。

此外，草地生态系统中的许多植物是制药业的关键资源。我国已记录了超过 5 000 种药用植物，其中约 1 700 种为常用药用植物。由于中草药主要来源于草本植物，故其被统称为"本草"。这一术语源自明朝李时珍的著作《本草纲目》。如今，现代医学越来越依赖草地野生动植物，如在美国，最常用的 150 种处方药中，有超过 24% 的药物来源于陆地，尤其是草地的动植物。[①]

---

① 朱丽.黄河重要水源补给区退化草地综合治理研究 [M].兰州：兰州大学出版社，2021:12.

草地生态系统还提供了大量的纤维。人工栽培的草本植物，如棉花、麻类为人类提供了大部分的植物性纤维。草地上饲养的绵羊、山羊和牦牛等动物为人类提供了大量动物性纤维。马、牛、绵羊、山羊、牦牛、骆驼、驯鹿、羊驼等动物的皮毛，根据其用途和品质的不同，也为人类带来了丰富的资源。

2. 饲草和食物生产

草地生态系统对于饲草和食物生产具有关键性的意义，为家畜和野生动物提供了丰富多样且适口的植物性饲料。全球的热带草地拥有 7 000 至 10 000 种禾本科草，而温带草地的种类数量也与之相当。

人类不仅在天然草地上捕猎，获得野生动物和植物性食物，还通过饲养家畜将饲用植物转化为大量的肉类和奶类等优质动物性食物。此外，草地也是全球粮食生产的重心。草地生态系统在历史上对人类的粮食供应起着至关重要的作用，几乎所有的谷物作物最初都源于草地。现在的草地生态系统已经最大限度转化为农业生产，并持续提供改良现代农作物的基因物质。

3. 娱乐与休闲

人类与大自然的关系是紧密相连且相互依赖的。生物多样性的丰富程度，生命的演化层次以及社会的发展进步，这些因素都增强了人类与自然界的依存关系。长期处于单一的城市环境和重复单调的室内生活，可能会影响人们的身心健康，降低生活品质和工作效率。人们如果能充分与大自然进行接触，在大自然中进行游憩和娱乐，就能得到美学和精神的满足，实现追求美、乐、新、放松、健康和知识等多元目标。在大自然中，随着景致的变换，情景交融，能获得道德、智慧、身体和美感等多重收益。

与森林一样，草地为人类提供了最佳的户外游憩和娱乐场所和条件。草地游憩和娱乐活动多种多样，包括观光旅游、度假休闲、科考探险、民俗体验等，如人们可以在草地上进行观光、疗养、漫步、骑行、驾车、爬山、游泳、划船、漂流、滑雪、溜冰、狩猎、钓鱼、观赏野生动物、探险、考察以及参观宗教庆典等。

草地生态系统拥有丰富的游憩和娱乐资源，如令人惊叹的自然景观和独特的风俗人情。在全球的自然保护区中，可以进行生态旅游的地方，大约一半都是草地。这些草地不仅展示了独特奇异的风俗人情，还有碧蓝的天空、灿烂的阳光、清新的空气和无尽的绿地等元素，这些都是草原独有的景观和财富，它们给人们带来了极大的精神享受。

草原的野生动物，如亚洲青藏高寒草原的藏羚羊、非洲热带稀树草原的角马、北美洲普列里草原的野牛以及北极冻原地区的驯鹿，它们的远距离迁徙，是世界上非常宏伟、雄壮、自然、令人激动的现象。

草原的游憩和娱乐服务也具有巨大的经济价值。在拥有大面积草原的国家，旅游业的人数和收入的增长，凸显了草原旅游业的重要经济意义。随着世界旅游业的快速发展，生态旅游已经成为旅游业中最有活力的部分。因此，游憩和娱乐在未来将成为草地生态系统最重要的经济服务项目之一。

（三）社会功能

自然环境不仅对人类的美学理解、艺术创新和宗教信仰产生深刻影响，还是人类精神追求和发展的核心源泉。草地生态系统促进了人类文化和精神生活的多样性。

草地对人类进化和文明的发展起到了特殊的作用。首先，人猿从森林树梢走向草地，并开始直立行走，这一进程中解放了其双手，使其有能力使用工具，这也是人猿向直立行走的智人，即现代人的祖先演化的重要步骤。其次，草原的开放性为畜牧业和农业生产提供了便利。草原可以直接用于家畜放牧，这也是世界上古代文明大都起源于河流两岸的草原和森林草地的原因。

地球上的许多重要流域，如亚洲的黄河、幼发拉底河、底格里斯河、恒河，非洲的尼罗河、赞比西河、奥兰治河、尼日尔河，北美洲的科罗拉多河、格兰德河，以及南美洲的巴拉那河等，都位于温带或热带草地生态系统分布的地区。这些地区的温带和热带草原占土地面积的一半以上。世界各大洲的著名古代文明，如中华民族的黄河文明、美苏尔人的两河文明、埃及人的尼罗河文明，以及印度人的恒河文明等，都源于这些地区。

在文化的演变过程中，草原的独特自然环境、生态特性和生产条件，塑造了各游牧民族独特的习俗、生产和生活方式，以及性格特质，进而催生了各具风格的地方文化和民族文化。因此，草原可以被视为世界文明多样性的摇篮和保护者。例如，藏族人民生活在青藏高原，他们在高寒草原环境中，塑造了淳朴、乐观和吃苦耐劳的民族性格。他们以草原放牧为生，对草原充满了深厚的感情，培养了珍爱自然、爱护生命的优良品质，与大自然和谐共处。青藏高寒草原的自然环境也深深影响了藏族人民的美学观念和艺术创造。他们创造了独特的文化和艺术，包括建筑、雕塑、绘画、音乐、舞蹈和运动等，成为中华文明的重要组成部分。

第二章　草地利用状况及其保护措施

第一节　草地利用状况

草地利用状况，可以从五个方面展开论述，如图 2-1 所示。

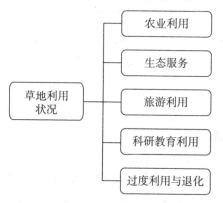

图 2-1　草地利用状况

一、农业利用

草地资源在我国的农业利用中发挥着重要作用，其中，畜牧业对草地资源的需求尤为显著。由于具有自然条件的优越性，内蒙古、新疆、青海等地的草地成为畜牧业的重要生产基地。这些地方拥有广袤的草地，如同无尽的宝藏，为畜牧业提供了丰富的牧草资源。草地的优质草种为养殖业动物提供了健康、丰富的食物，保障了畜牧业的发展。以内蒙古为例，这里植被优良，牧草资源丰富，形成了特有的草地生态系统。统计数据显示，内蒙古草地的年牧草产量超过 1 亿吨，这个数据充分说明该地区草地具有很大的生产力。

内蒙古的畜牧业规模庞大，依赖这片丰饶的草地。种羊、奶牛、马等各种牲畜在这片广袤的草地上生长，吃着草地上新鲜的草，牧场内充满了生机。这种自然的养殖方式不仅保证了畜产品的优良品质，也降低了养殖成本，提高了畜牧业的经济效益。

草地资源使内蒙古的畜牧业拥有了巨大的发展潜力。随着现代畜牧业技术的发展和市场需求的提高，草地资源的利用将更加合理，充分挖掘草地的经济价值，可为畜牧业的长足发展提供有力保障。

我国的草地，尤其是内蒙古等地的草地，在畜牧业的发展中，起到了无可替代的作用。广袤的草地为畜牧业的可持续发展提供了重要保障。在未来，随着科技的进步和可持续发展理念的深入人心，我国的草地资源将得到更好的利用和保护，为农业、特别是畜牧业的发展注入新的活力。

二、生态服务

在生态服务方面，我国草地发挥着无可估量的重要作用。草地具有防止土壤侵蚀、维护水源、吸收二氧化碳等生态功能，对环境保护和气候变化的缓解起着关键的作用。草地生态系统的稳定性和其复杂的生态过程为维持生态环境平衡与人类社会健康运行提供了必要的支持。具体来说，草地能够有效防止土壤侵蚀。草地植被能保护土壤，减少风蚀和水蚀的影响。当雨水滴落到地面时，草地上的植物和其根系可以将水分留住，防止土壤流失，从而保持土壤的肥力，保障生态系统的持续健康。

草地碳汇，即通过光合作用吸收大气中的二氧化碳，转化为有机物质，缓解全球气候问题。这一点在我国的青藏高原尤为突出。作为我国最大的高寒草地，青藏高原被誉为"世界屋脊"，这片广袤的高寒草地是我国乃至全球最重要的碳汇地区之一。根据科研人员的调查，青藏高原的草地每年能够吸收大量的二氧化碳。这不仅对全球的气候有着积极影响，还为青藏高原的生态系统提供了稳定的能量源。

草地对水资源的保护也不可忽视。草地可以通过降低地表径流速度，增加水分的渗入，增加地下水的补给，保持水源的持续稳定。

我国草地在生态服务方面的作用是多方面和深远的。它们可防止土壤侵蚀，保护水资源，吸收二氧化碳，为环境保护贡献力量。在未来，随着人们生态环境保护意识的加强，草地的生态服务功能将得到更好的保护和发挥，对人类社会和自然环境的贡献将进一步增加。

三、旅游利用

我国草地以其壮丽的景色和独特的生态文化，为旅游业提供了丰富的资源。草地旅游，作为一种特色的生态旅游形式，已经成为推动当地经济发展的重要手段。

我国的草地旅游资源丰富多样，各地草地类型各异，各有特色。这些草地旅游区以其独特的草地风光，丰富多样的生物和深厚的民族文化，深受游客喜爱。

其中，纳帕海草地等著名景点每年都可吸引大量的游客。纳帕海草地位于云南省迪庆藏族自治州，是云南省著名的生态旅游景点。这里的湖泊、湿地和草地相互交织，形成了独特的草地湖泊景观。纳帕海草地丰富的生态资源和美丽的景色，使其成了旅游、摄影、科研等的理想场所。

在全球旅游业迅速发展的背景下，草地旅游展现出了很大的发展潜力。通过适度的开发和合理的管理，既可以保护和恢复草地的生态环境，又可以发展草地旅游，实现经济和环境的双赢。然而，草地旅游发展中也应注意防止过度开发，注重保护草地生态环境，确保草地旅游的可持续发展。

四、科研教育利用

我国草地广袤且多样化，为研究自然生态系统、探索生物多样性、研究气候变化影响等提供了现场实验室。这些草地既有独特的生态价值，又具有丰富的科研价值，成为科研人员进行自然科学研究的重要基地。

中国科学院设有多个草地生态系统研究站，这些研究站分布在我国的不同草地类型区，涵盖了我国主要的草地类型。这些研究站不仅进行了大量的基础研究，揭示了草地生态系统的基本规律，还开展了许多应用研究，解决了草地利用和保护的实际问题。

我国草地不仅为科研提供了重要的平台，还为教育提供了丰富的资源。许多大学和研究机构利用草地进行实地教学，使学生能直接接触草地生态系统，增加了教学的趣味性和实效性。例如，北京林业大学等高校常年开展草地生态学实习，学生可实地观察草地生态系统的基本结构和功能，了解草地生态系统的动态变化，提高实践能力和创新能力。在未来，草地的科研教育价值将得到更多的重视和利用，更多的科研项目将在草地进行，更多的学生将通过草地学习和了解自然。草地科研和教育的发展，为保护草地生态系统、推动可持续发展提供了更多的知识和能力。

五、过度利用与退化

草地生态系统的健康和稳定在很大程度上取决于其使用和管理方式。然而，过度的人类活动，尤其是过度放牧，已导致许多草地退化和沙漠化。这些问题不仅威胁到了草地生态系统的功能和生物多样性，还对经济发展和社会稳定产生了重大影响。

过度放牧是导致草地退化的主要因素之一。过度放牧会破坏草地的植被结构，使植被覆盖度降低，土壤暴露，从而引发土壤侵蚀和沙漠化。这种退化过程往往是不可逆的，一旦草地被破坏，恢复其原有状态需要非常长的时间。据生态环境部统计，我国每年草地退化导致的经济损失高达数十亿美元。

草地退化不仅影响了草地本身的生态功能，如生产牧草、调节气候等，还影响了草地为人类提供的其他服务。例如，草地退化可能会降低草地的游览价值，导致旅游收入减少。草地退化可能影响到草地的水源保护功能，影响水质和水量，进一步影响人类生活和经济活动。

退化草地的另一个重大问题是沙漠化。沙漠化是指在一定的气候条件下，由于自然和人为因素的共同作用，土地生产力下降，生态环境恶化，最终形成沙漠的过程。据中国科学院统计，草地退化已导致中国约30%的土地面积沙漠化。这种沙漠化对生态环境的影响非常严重，如大风吹起沙尘暴，对人类生活和健康产生很大威胁。

对于这一问题，需要采取有效的草地保护和管理措施，恢复草地生态系统的健康和稳定，促进草地的可持续利用。例如，限制过度放牧，实行轮牧制度，增加草地的植被覆盖度，防止土壤侵蚀；进行人工植被恢复，如种植耐旱、生长快的植物，提高土地的生产力；通过法律法规，保护草地资源，禁止非法开垦草地，保护草地的生态功能。这些措施可以有效地防止草地退化和沙漠化，保护草地生态系统，促进草地的可持续利用。

我国草地的合理利用，包括控制草地的开发强度，实行科学的草地管理，而这些也是当前草地科学研究和草地资源管理的重要课题。

第二节　草地保护具体措施

草地保护具体措施，可以从五个方面展开论述，如图 2-2 所示。

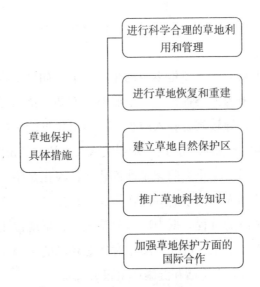

图 2-2　草地保护具体措施

一、进行科学合理的草地利用和管理

在我国，为了克服草地退化和保护草地生态系统，已采取了一系列科学合理的草地利用和管理措施。这些措施不仅包括生态保护和恢复，还涵盖了法律规定和经济激励等多个层面。

内蒙古作为我国最大的草地生态系统所在地，其在草地管理上的做法具有典范意义。内蒙古在草地管理上实行轮牧制度。这一制度旨在通过规范的牧业管理，避免过度放牧导致的草地退化问题。具体来说，轮牧制度是指在一定的牧场区域内，按照一定的时间顺序，分区轮流进行放牧的管理方式。这种管理方式能够保证草地得到充足的恢复时间，避免连续放牧导致的草地退化问题。

科研成果显示，实行轮牧制度后，草地的生产力和生态质量有了显著的提高。研究发现，实行轮牧制度的草地，其草本植物的平均生物量比未实行轮牧制度的草地提高了约30%，显示出更健康、更鲜明的生物多样性特征。这种管理制度的实施，不仅改善了草地的生产力，还提高了草地生态系统的稳定性，有力地推动了草地生态系统的健康发展。

值得注意的是，这些草地管理措施并不是孤立存在的，而是形成了一个完整的管理体系。在这个体系中，科学的管理方式、严格的法律制度和有效的经济激励相互配合，共同推动草地保护和可持续利用。

在我国，科学的草地管理方式是保护和持续利用草地的关键。科学管理涉及草地的合理利用、合理轮牧和合理放牧等方面。例如，科学的放牧管理包括确定合理的放牧强度和放牧时间，以确保草地有足够的恢复时间，维持草地的生态平衡。此外，科学的草地管理还包括定期监测和评估草地的生态状况，采取相应的管理措施来应对草地退化和生态恢复需求。

严格的法律制度在草地保护中发挥着重要的作用。《中华人民共和国草原法》明确规定了对草地资源进行保护和合理利用的原则和要求。该法规定了禁止非法开垦草地、限制过度放牧等行为，并规定了相应的处罚措施。此外，相关法律还规定了对草地生态环境的监管和保护，包括对草地生态环境的评估、监测和治理等方面的要求。这些法律制度的严格执行，为草地的保护提供了有力的法律保障。

除了法律制度，经济激励也是草地保护的重要手段之一。我国政府实施了一系列的经济激励政策，以鼓励草地保护和可持续利用。例如，政府提供草地补贴和生态补偿，以弥补草地保护和管理的成本，促进草地管理者的积极参与。此外，政府还鼓励发展草地生态旅游和生态农业等可持续发展产业，为草地保护提供经济支持。

我国在草地保护方面采取了科学合理的管理措施，包括科学管理方式、严格的法律制度和有效的经济激励。这些措施相互配合，形成了一个完整的草地保护体系，为保护和持续利用我国的草地资源提供了坚实的基础。然而，仍然需要进一步加强监管和执行力度，加大对草地保护的投入和宣传力度，以确保草地资源的可持续利用和生态安全。

二、进行草地恢复和重建

我国草地恢复和重建工作是保护和提升草地生态系统功能的重要举措。其中，"退耕还草"政策是我国在草地恢复和重建方面的一项重要举措。这项政策的目标是通过将退化严重的耕地恢复为草地，提高草地面积和质量，保护草地生态系统的完整性和稳定性。

"退耕还草"政策的实施取得了显著成效。据统计，从 2001 年到 2010 年，我国已有约 4 000 万 hm² 的耕地实行了"退耕还草"，使这些土地得以恢复为草地。这些草地恢复不仅改善了草地的生态环境，还提高了草地的植被覆盖度和生物多样性。例如，内蒙古自治区乌拉盖的退耕还草项目使该地区的草地面积大大增加，有效改善了当地的草地退化问题，为当地的畜牧业和生态保护做出了重要贡献。

除了"退耕还草"政策，我国还采取了其他草地恢复和重建措施。例如，通过草种改良和种子植入等技术手段，加强对退化草地的治理和修复工作。同时，加强草地保护区的建设和管理，实施科学合理的管理措施，确保草地生态系统的健康发展。例如，我国设立了一批国家级和地方级的自然保护区，用于保护重要的草地生态系统和物种资源，如新疆阿尔泰山两河源自然保护区、四川大熊猫栖息地等。此外，草地恢复和重建工作也需要注重社区参与和科学研究支持。鼓励草地管理者和当地社区积极参与草地恢复和重建工作的规划和实施，增强草地管理的可持续性和长期效应。同时，加强草地生态学、植物学、土壤学等领域的科学研究，提高对草地恢复和重建技术的认识与应用水平。

我国在草地恢复和重建方面已取得了一定的成就，但仍面临着一些挑战。为进一步加强草地恢复和重建工作，需要加大资金投入，加强监测和评估，加强政策支持和法律保障，促进草地管理者和社区的参与，加强科学研究与实践的结合。通过持续努力，我国可以更好地保护和恢复草地资源，实现草地生态系统的可持续发展和草地保护的长远目标。

三、建立草地自然保护区

我国积极建立了一系列的草地自然保护区，以保护重要的草地生态系统，维护生物多样性。这些自然保护区在保护草地生态系统、维持生物多样性、防止草地退化等方面发挥着重要的作用。

内蒙古自治区是我国重要的草地区域之一，也是草地自然保护区建设的重点地区之一。该地区已建立了多个草地自然保护区，这些保护区涵盖了广阔的草地生态系统，包括湿地草原、荒漠草地、高寒草地等不同类型的草地。它们承载着丰富的生物多样性和独特的生态功能。

这些草地自然保护区的建立不仅为保护草地生态系统提供了法律和制度保障，还提供了科学研究和教育的重要平台。保护区内的草地生态系统被认为是研究草地生态学、植物学、动物学等科学领域的理想场所，吸引了许多科学家和学者进行科学研究和教学活动。

这些保护区实施了一系列的保护措施，包括严格控制人类活动的干扰，限制放牧、开发等活动，保持草地的自然状态。同时，加强监测和评估工作，对保护区内的生物多样性、草地覆盖度、土壤质量等指标进行监测和评估，及时发现问题并采取相应的保护措施。

草地自然保护区的建立不仅在保护草地生态系统和生物多样性方面发挥着重要作用，还为公众提供了了解和体验草地生态的机会。保护区内的游客可以近距离观察和感受草地的美丽景色和独特生态系统，加深对草地保护的认识。然而，草地自然保护区的建立和管理面临一些挑战，其中包括合理划定保护区边界、平衡保护和利用的关系、加强保护区管理人员的培训和能力提升等。

四、推广草地科技知识

为了促进草地保护和提高草地的利用效率，我国积极推广草地科技知识。中国科学院和农业农村部在草地科技领域开展了一系列的研究和技术推广工作，以提供科学的草地管理方案和技术支持。

在草地的草种选择方面，科学家通过研究和实践，选择适应当地环境条件的牧草种类，包括耐旱、耐寒、抗逆能力强的牧草品种。例如，内蒙古的草地区域通过引种和选育耐寒的牧草品种，如黑麦草、羊草等，提高了草地的生产力和草地覆盖度。

在草地的管理方面，科学家提出了一系列的管理措施，其中轮牧制度可以避免过度放牧导致的草地退化，保持草地的生态功能和可持续利用。内蒙古草地区域的研究表明，轮牧制度的实行显著提高了草地的生产力和生态质量。

科学家还研究和推广草地恢复技术，以修复退化的草地生态系统。其中，"退耕还草"政策是一项重要举措。通过将退化严重的耕地恢复为草地，不仅可以增加草地面积，还可以提升草地质量。

此外，草地科技知识的推广还包括培训和技术指导。通过组织培训班、举办研讨会等形式，向农牧民和相关管理人员传授草地科技知识，提高他们的技术水平和管理能力。例如，中国草地科学研究所每年举办多场草地科技培训班，向草地管理人员介绍最新的科研成果和管理经验，帮助他们更好地应对草地管理和保护的挑战。

通过推广草地科技知识，我国的草地管理者和农牧民可以获得科学的管理方法和技术指导，更好地保护和利用草地资源。这将促进草地的可持续发展，提高草地的生产力和生态效益，为农牧业的发展和生态环境的改善做出贡献。然而，草地科技知识的推广还面临一些挑战，其中包括技术传递渠道的建设、培训资源的不足，以及农牧民意识和行为改变等方面的问题。因此，进一步加强科技知识的推广和应用，提高农牧民的科学素养和环境意识，是促进草地保护和可持续利用工作的重要任务。

五、加强草地保护方面的国际合作

我国草地保护工作不仅局限于国内，还积极参与国际合作，为全球草地保护事业做出贡献。我国作为《联合国防治荒漠化公约》的签署国，致力与其他国家和国际组织共同合作，加强草地保护方面的全球合作。

我国与许多国家和国际组织开展了草地保护的合作研究。其中，与蒙古国的草地保护合作是较为突出的例子。我国和蒙古国共享边界，拥有相似的草地生态环境，两国之间的合作为草地保护提供了重要的平台。例如，中蒙合作研究团队在草地保护方面进行了一系列的合作研究，包括草地生态系统的监测和评估、草地恢复技术的推广等。这些合作研究不仅促进了两国之间的交流与合作，还为草地保护的全球实践提供了宝贵的经验和借鉴。

我国还积极参与国际草地保护组织和机构的活动，如国际草地大会（IGC）、国际天然草原大会（IRC）、中日韩草地大会等。通过参与国际会议、研讨会和交流活动，我国与其他国家和地区的科学家、专家和管理者分享了草地保护的经验和技术，加强了国际合作和交流。

草地保护的国际合作不仅有助于分享和借鉴各国在草地保护方面的经验和技术，还能够共同应对全球性的草地生态环境挑战。通过合作项目，各国可以加强数据共享、技术交流和政策合作，共同推动全球草地的可持续发展。

第三章　草地合理利用技术

在保持草地生态平衡和持续获取经济效益的前提下，合理地利用天然草地资源显得至关重要。实践证明，防止草原退化、保障生态安全和食品安全比较有效、经济、实用的方式就是科学合理地利用草地。合理利用草地的基本原则包括：通过对天然草地的合理使用，实现时间和空间的科学组合；运用科学的放牧技术和割草技术，使牧草的生长和利用之间达到数量平衡，以此提高科学利用的层次；运用科学的改良和修复技术，让退化的草地生产功能稳步提升、生态功能明显增强；通过自然灾害防治技术，提高草原的灾害防控能力；通过加强草地基础设施的建设，提高草牧业的综合效益；通过合理的经营模式，实现从"以生产功能为主"向"生产和生态有机结合，以生态优先"的创新理念的转变。

第一节　放牧草地的合理利用技术

在我国的历史长河中，传统的放牧模式一直是我国畜牧业发展的主要方式，即牧民主要依赖游牧生活，追随水源和牧草移动居住。然而，过度放牧使得草原生态环境恶化，导致草原退化的速度加快，退化面积逐年增加。因此，合理利用草地成为维持牧区发展的长远策略。家畜依赖草地生存：一方面，家畜通过食用牧草，从放牧地获取营养物质，影响草地营养物质的循环；另一方面，家畜在放牧过程中的践踏会影响草地土壤的物理结构，如紧实度和渗透率等。通过家畜与草地生态系统的相互作用和相互融合，可以保持放牧系统的稳定性，并持续获得高产效果。如图 3-1 所示。

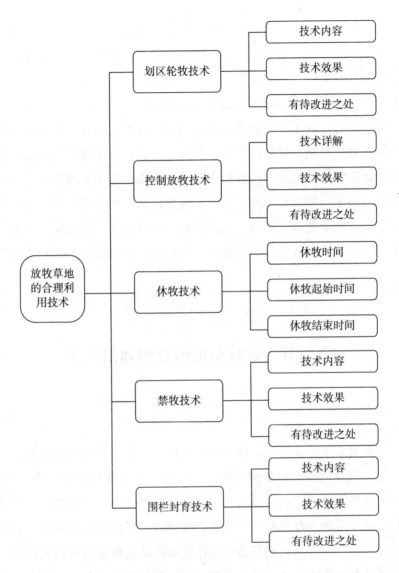

图 3-1　放牧草地的合理利用技术

一、划区轮牧技术

我国常见的放牧方式之一就是划区轮牧。这是一项具有强综合性的草地放牧管理技术。它主要通过充分运用饲草生长旺季的高营养特性，进行季节性和区块性的集约式放牧，以满足牲畜的生长和繁殖需求，形成了一种系统性、高效性的放牧管理系统。划区轮牧技术主要涵盖了以下几个方面：放牧场的基本情况、牧草产量和载畜量、轮牧小区的确定，以及放牧的始牧期与终牧期、基础设施设计、制订管理方案等。

（一）技术内容

1.确定放牧场的基本情况

首先，需要确定承包草场的范围，具体由草原管理部门使用计量工具划定边界并确定面积。其次，需要明确草地的类型、饲草区的种植情况、家畜的种类和数量，以及成年畜、母畜和幼崽的比例。

2.确定牧草产量和载畜量

首先，需要确定天然草地的牧草产量。实际可以通过采样方法描述草地植物群落特征，测定放牧区的牧草产量，然后根据食用牧草比例确定草地的生产力。其次，需要确定饲料地的牧草产量。为了减少灾害对家畜饲草料供应的影响，可以在自留地种植或者购买一定数量的人工饲草料，再加上割草地的产草量，确定饲草料的总储量。

为了达成"草畜平衡"的目标，需要根据放牧草地的总产量，以及人工饲草料地和打储草提供的饲草总产量来划分季节性放牧草地。同时，也需要计算草场的总牲畜承载力和牲畜循环放牧草地的承载能力。计算季节放牧草地面积的方法是通过确定放牧绵羊的日食量和放牧天数来计算需草量，然后用需草量与单位面积草地牧草产量的比值来确定季节放牧草地所需的面积。

$$季节放牧草地所需面积 = \frac{绵羊 \times 日食量 \times 放牧天数}{牧草产量 \times 草原利用率}$$

3.确定轮牧小区

在确定了季节放牧草地面积之后，需要确定轮牧小区的数量，可以根据放牧周期和放牧天数来计算。此外，还应增设 1～3 个预留小区，以便在灾害年份进行放牧，并在正常年份和丰收年份进行草原改良。轮牧小区的面积则可以通过平均划分季节放牧草地面积和小区数量来确定。在设计划区轮牧时，应尽量使同一围栏分区内的草地大致均匀。

在确定了小区面积之后，需要确定小区的形状。通常，小区的形状为长方形或正方形，宽度按每只羊0.5～1 m设计。小区的长宽比例应尽量为3∶1、2∶1或1∶1。小区的布局应根据草地形状，并以方便牲畜进出、减少饮水游走距离为原则来确定。

4. 确定放牧的始牧期与终牧期

始牧期是指牧草恢复绿色后，单位面积的草产量达到草场总产草量的15%～20%的时段。终牧期是指牧草停止生长后，单位面积草场的现有存量占草场总产草量的20%～25%的时段。不同地区的放牧时期会有所不同，如在内蒙古东部地区，放牧时期一般为6～10个月。

5. 基础设施设计

基础设施需要包括围栏、牧道、放牧门、饮水点、盐砖和遮阳设施等。草地围栏有多种类型，但目前最常用的是网围栏。牧道的宽度应根据放牧家畜的种类和数量来确定，一般为5～15 m，而放牧道路的长度应尽可能短。放牧门的位置应尽量减少家畜进出轮牧区的时间，避免绕道进入轮牧区，并且要考虑到离水源的距离。

饮水设施是划区轮牧中必要的基础设施之一，可以通过车辆供水或者管道供水系统来满足需求。饮水槽的数量要根据家畜的数量来设置，并且要保证供水时间的及时、准确。一般来说，夏季家畜每天需要饮水2～3次，冬季每天饮水1～2次。

在小区内，还需要布置适量的盐砖，以便牲畜及时补充盐分。根据实际情况和家畜的数量，可以在每个小区内设置遮阳棚，以保护牲畜免受过度阳光的影响。

6. 制订管理方案

管理方案的制订是划区轮牧的关键环节。在制订轮牧计划时，需要考虑草地类型和牧草的再生率，从而确定轮牧周期、轮牧频次、小区放牧天数、始牧期和终牧期，以及轮牧畜群的饮水、补盐和病害防治等日常管理事项。同时，还需要按照单户或联户的方式，确定畜群的结构和规模。例如，呼伦贝尔地区羊群规模通常为 500～700 只母羊，每个小区的适宜面积为 33.3～53.3 hm²。牛群一般为 100～500 头，每个小区适宜面积为 33.3～100 hm²。草地轮牧的频度为 4 次，轮牧周期为 40 天，小区的数量为 6～8 个，每个小区的放牧天数为 5～7 天，轮牧时间从 6 月 1 日至 10 月 1 日，总共放牧天数为 120 天。

　　根据各放牧单位的情况，需要制订一个系统的放牧小区轮换计划。这样的计划应当按照一定的规律顺序变化，使得每年的利用时间和方式都经历周期性轮换，从而保证长期的均衡利用。

　　饲草料的生产和储备计划也是必不可少的。根据家畜的数量和结构，需要计算冬季所需的饲草料量。而后，依据冬季草场、割草地和人工饲料地的情况来提供饲草料，并及时补充储备。在储存牧草时，还需要考虑到灾年和春季休牧时的饲草料供应情况。

　　针对不同的季节和年份，需要制订畜群补饲计划。在正常年份，只需要在冬季和春季补充饲料，根据冬春季草场牧草的储存量来搭配精料和粗料补饲。而在灾年，无论冬季还是暖季，都需要补充饲喂。根据灾情的严重程度，需要调整草畜关系，并统筹规划补饲量。

　　畜群保健计划的制订主要以预防疾病为主，采取"防治并举"的原则。春秋两季，需要分别进行一次驱虫和药浴。如果发现畜群中有病畜，应及时进行治疗。

　　轮牧基础设施的管理也很重要。围栏和饮水设施需要定期检查。如有松动或损坏的围栏，应及时进行维护，防止家畜在放牧过程中越过围栏。如果饮用水设施有破损，也应立即进行修复。在休牧时，应该排空供水系统中管道的存水，并妥善保管饮水槽等设施，以便来年使用。

　　如果牧草的再生率较高，还可以在轮牧小区内设置活动围栏。根据家畜一日的营养需要，可以逐片轮流进行放牧。

（二）技术效果

1.提高草地载畜量

轮牧方法是一种有效的草地管理技术，其主要优势在于能增加草地的承载力。这种方法涉及将羊群限定在特定区域的草地上进行牧食，然后在适当的时机将它们转移到其他固定草地上，这样，之前的草地就有充足的时间来恢复和再生。

2.提高牧草品质

轮牧也能提升牧草的质量，这种方式可以抑制杂草的增长，增加良好的牧草种类，进一步改良草场的草种组成。

3.有助于羊增膘

牧草有好的适口性，放牧小区内的羊，其采食的时间和休息的时间均会相对增加，且游走时间减少，降低体力消耗，因而能有效地提高增膘率。

4.利于草地管理

在每次停牧的时期，要进行一些草场管理活动，如清理杂质和有害植物，灌溉和施肥，消灭害虫和鼠类，以及补播牧草等。

5.预防寄生虫病的传播

轮牧有助于控制和消除绵羊消化道线虫病。寄生虫的卵随着粪便大量排出，可能在两周内发育成有传染性的第三期幼虫。然而，通过轮牧以及高温的自然净化，可以消灭草地上的寄生虫卵或第三期幼虫。

（三）有待改进之处

（1）轮牧可能导致整个草场上留有大量的粪便，从而污染了牧草。

（2）由于轮牧区域的数量是固定的，如果管理不善，可能会忽视牧草生长的季节性变化，导致在载畜量低的时期产生的效益与固定放牧无明显差别。

（3）轮牧的技术要求相对较高，清理杂质和有害植物，灌溉和施肥，消灭害虫和鼠类，以及补播牧草等，都需要一定的技术知识和设备，因此，其成本也相对较高。

二、控制放牧技术

精确控制放牧技术是一种全年严格计划的放牧技术。在此，要理解并运用三个关键概念：牧草生长速率、家畜采食量以及平均牧草现存量，有助于精确确定合理的草地载畜量。通过这样的方法，可以解决当前畜牧业发展中普遍存在的问题，如过度放牧和大规模草地退化等。

（一）技术详解

1. 牧草生长速率

牧草生长速率的确定基于一年中不同月份的牧草生长速度变化，以每日每公顷牧草干物质增加的千克数作为衡量标准。这个数据是为了满足牲畜的饲料需求而收集并计算的。

2. 家畜采食量

家畜采食量，即每天每头家畜采食牧草干物质的千克数。采食量可以被人为控制，通过一些具体的技术手段，根据牲畜的生产性能指标和相应的营养需求，可以精确控制采食量。这是控制放牧系统的一个关键操作。

3. 平均牧草现存量

平均牧草现存量则是指某一天整个牧场草地上平均每公顷的牧草干物质千克数。这是衡量草地资源丰富程度的一个重要指标。

4. 载畜量

草地的载畜量是草地控制放牧系统的基础。载畜量的计算通常以一个放牧季为时间单位，这个数值可能会随着气候等因素的变化而变化。在实施控制放牧系统时，先要确定放牧时间和草场面积，而后，通过公式计算出单位面积的合理载畜量。

计算单位面积合理载畜量 =（牧草生长速率 × 放牧时间 + 牧草现存量）× 草地利用率 /（家畜采食量 × 放牧时间）

具体以呼伦贝尔草原为例，其放牧地的牧草总产量为 615 ～ 1 350 kg/hm²，草地利用率为 60% ～ 70%，放牧时间从每年的 6 月 1 日至 10 月 1 日，则合理载畜量应该在 2.13 ～ 4.33 hm²/（头牛·年）。

（二）技术效果

采用精确控制放牧技术能科学且准确地确定出合理的牲畜承载能力。这对于保护草地生态，提高牧草质量和产量，促进草地生态系统的健康，以及维持草畜平衡均十分有益。

（三）有待改进之处

确定牲畜承载能力是一项相当复杂的任务，它受到许多因素的影响。因此，必须根据具体的情况，进行一段时间的连续观察和测量，然后再进行相应的调整。这一过程中存在许多技术性的挑战，需要进行细致的研究和实践，才能达到预期的效果。

三、休牧技术

休牧技术是一种短期禁止放牧的方法，主要在一年的特定时间内实施。通过在植物生长发育的关键阶段实行休牧，可以避免牲畜对植物生长发育的负面影响，以促进和保障植物的健康生长。这种技术是减缓草地退化和推进畜牧业可持续发展的重要策略之一。

休牧通常会选择土地条件优越、植物生长良好或略有退化的区域来执行。为了管理家畜的出入，休牧区通常需要有围栏设施。此外，这种技术特别适用于季节变化明显、植物生长具有明显季节性差异的地区。

（一）休牧时间

休牧的时间长度因地理和气候条件的不同而有所差异，通常不少于 45 天。一般在春季植物复苏和嫩芽生长的时期进行休牧，如果有特殊需求，也可以在秋季或其他季节进行。

（二）休牧起始时间

休牧起始时间根据各地植物生长的不同阶段确定，以当地主要草本植物开始复苏的时间为主要参考。

（三）休牧结束时间

休牧结束时间一般在连续休牧 45 天后，春季休牧通常在植物完全复苏后结束。在特殊情况下，可以根据各地草地和气候条件调整结束时间。

四、禁牧技术

禁牧技术是一种长期禁止放牧的草原管理策略，主要用于禁止放牧一年以上的草地。在 20 世纪末，我国草地牲畜超载率平均超过 36%，导致 90% 以上的草地不同程度地退化，草地地表严重裸露，沙尘暴频发。因此，自 21 世纪初开始，我国实施了禁止放牧的生态建设项目，对草地生态进行奖励和补贴。

为了改善这种状况，我国加大了草地生态治理力度，对一些严重退化草地、沙化草地和生态脆弱区草地实行了禁牧或休牧等管理措施，从而促进了草地生态的持续改善。到 2018 年，全国草地家畜超载率降至 10.2%，禁牧和休牧区草地植被覆盖度增长 10% 以上，鲜草产量提高了 50% 以上。

（一）技术内容

禁牧技术，是一种管理策略，适合在暂时或长期不适合放牧的土地上执行。此技术的实施期限通常为 3～5 年。禁牧结束后，通常会采取控制放牧、轮牧等方式来管理草场。需要注意的是，永久禁牧就相当于放弃牧场，这一般只适用于不适合放牧或已永久丧失放牧价值的特定区域。

1. 禁牧地块选择与设施要求

一般来说，过度放牧导致植被减少、生态环境严重退化的地区是禁牧的主要执行场所。为了防止牲畜入侵，执行禁牧的区域通常需要进行围栏。

2. 禁牧的时限

禁牧的周期基于植物生长的周期，最短禁牧期限为一年。根据植被恢复情况的不同，禁牧可以持续数年。

3. 解除禁牧时的主要参考指标

根据具体情况，在生长季节结束时禁牧区干物质产量超过 600 kg/ hm²，或者年产草量超过该地载畜量条件下家畜年需草量的 2 倍以上，或植被覆盖度超过 50% 时，可以解除禁牧。解除禁牧后，宜对草地实施控制放牧、休牧和轮牧。

（二）技术效果

禁牧的草地具有极强的自然恢复力。在禁牧的推动下，草地生态系统会向最适宜、最稳定的方向发展，植物物种会呈现出"增加—调节—稳定"的特性。

禁牧初期，植物种类逐渐增多，这个过程通常需要 5～6 年。但如果草地再次受到放牧、生物灾害、极端天气等因素的影响，这个过程可能会延长。例如，宁夏回族自治区在连续禁牧 16 年后，植物多样性指数、物种丰富度和均匀度比禁牧前分别提高了 15%、22% 和 45%，目前仍在持续向好，但与历史最好水平相比仍有很大的差距。

禁牧的中期，当物种数量增加到一定程度时，物种间的相互作用和生存竞争就会逐渐加剧。植物的种类和相对丰度是动态变化的，但这是群落内部正常的自我调节。

（三）有待改进之处

禁牧技术的缺点：建设草地围栏会增加生产成本，同时也增加了管理和维护的费用，导致牧民的收入降低。在某些地区，由于禁牧区的家畜饲料不足，未实施禁牧的草场出现超载放牧的现象，严重破坏了草场。长期采用禁牧可能会造成草地资源的浪费。

五、围栏封育技术

围栏封育技术是一种将草地暂时封闭一段时间的方法，期间不进行放牧或割草，以使牧草休养生息、储存足够的营养物质，逐步恢复草地生产力。此外，围栏封育还能使牧草有机会进行结籽或营养繁殖，从而促进群落自然更新。这一技术有助于解除放牧对植被的压力，改善植物生存环境，并促进植物恢复生长。通过围栏封育，草地植被覆盖度和产草能力显著提高，畜牧业稳定发展，农牧民收入增加。作为一种全面恢复和改善退化天然草地生态系统、促进社会经济可持续发展的重大战略举措，围栏封育具有深远的生态、经济和社会意义。

（一）技术内容

1. 规划布局

统一设计、规划围栏区域，依据自然经济特点、草地类型和合理利用原则等相关内容。

2. 围栏规模

围栏规模根据土壤条件、植被生长状况和草地生产力来确定。

3. 围栏形状

围栏形状根据围栏区域的地形条件来决定。

4. 围栏方法

围栏方法有多种可选，包括挖沟、筑土墙、垒石墙，以及扎柳栅篱、绿篱、铁刺丝、钢丝围栏和电围栏等10多种。

5. 封育时间

根据具体情况确定封育时间，短则几个月，长则数年。一般来说，干旱荒漠草原封育至少应为2～3年，其他地方可实行季节封育，即春秋封闭，夏冬利用。在某些情况下，也可以实行小块草地轮流封育。

6. 封育综合改良

如果将封育的草地与补播、浅耕翻、施肥、灌溉等综合措施结合起来，效果会更好。

（二）技术效果

围栏封育技术有利于有计划、科学地管理草地，对于退化草地、沙化草地的休养生息与自然更新非常有益，提高草地生产潜力；有利于草地松土补播、耕翻、施肥、灌溉等培育、改良措施的实施；有利于后期控制放牧和划区轮牧等放牧技术的实施。

（三）有待改进之处

尽管围栏封育技术具有诸多优点，但也存在一些缺点，如草地恢复时间长，需要采购饲草料作为补充。此外，草地补播和施肥等措施可能对植被和土壤造成较大的干扰，且围栏建设需要较高的资金投入。

第二节　割草地的合理利用技术

割草地，又称打草场，通常是优质、高产的天然草地，其产量一般比良好的放牧地高 1 ～ 2 倍，甚至更多。割草地在草地畜牧业生产中所占的比例越大，表明集约化程度越高。在畜牧业较为发达的国家，割草地占有较大比例，如英国割草地与放牧地之比为 1 ∶ 2，法国为 2 ∶ 3。在割草地上收获的干草通常是家畜饲料的重要组成部分，尤其是冬春季节补饲或舍饲的重要饲料来源。在当前我国的生产条件下，特别是在广大牧区，合理利用现有割草地并开发新的割草地，是解决牧草供应季节性不平衡的重要手段，同时也是冬春抗灾保畜、减少春乏损失的主要措施。如图 3-2 所示。

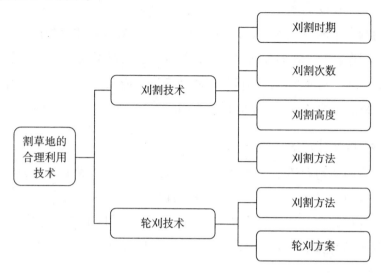

图 3-2 割草地的合理利用技术

一、刈割技术

关于割草地的合理利用，刈割技术是重要的生产技术。刈割牧草是收获干草的关键环节，其作业质量直接影响当年干草的数量和品质，同时也会对草场的持续利用产生影响。刈割技术主要包括以下方面。

（一）刈割时期

禾本科牧草应在抽穗期进行刈割，豆科牧草和杂类草则在开花期刈割。一般来说，刈割应在半个月内完成，并最晚在牧草停止生长前一个月结束。

（二）刈割次数

在植物和气候条件较好的地区，为充分利用割草地的生产潜力，可在第一次刈割后进行第二次刈割或放牧。但必须注意，在植物停止生长前一个月要停止刈割或放牧，以免影响草地在第二年的生长发育。

（三）刈割高度

刈割技术的第三项要素是刈割高度。这一参数对牧草的产量和再生都有着深远影响。在温性典型草地，割草时应保留不低于 12 cm 的草茬；在低地草甸、沼泽类草地等区域，茬留高度不应低于 9 cm；对于休闲的割草地，次年的茬留高度不宜低于 7 cm。

（四）刈割方法

牧草的刈割和调制需要按照一定的程序进行：先是牧草刈割，然后是牧草摊晒。倒伏草的搂集和刈割草的耙集是接下来的步骤。干草堆垛后，要进行压实，然后将其集成大堆。下一步是将干草运送到养畜场，再进行干草压缩，然后拣拾打捆，并运至堆垛处。最后一步是制作草粉等。

刈割后的牧草需要经过晾晒，以散失其中的过多水分，这是割草后必需的一个环节。一般来说，晾晒是在搂草后，在条堆内进行。如果条件允许，也可以使用推晒机和翻草机进行晾晒。

这些技术参数和方法对于割草地的合理利用，以及草原生态系统的健康运转至关重要。从刈割时期、刈割次数、刈割高度，到刈割方法的每一个步骤，都需要科学的管理和规划，以充分发挥割草地的生产潜力，保证牧草的质量和数量。

二、轮刈技术

如果在同一块割草地上长期刈割，每年会从土壤中移走大量的植物必需营养元素。这会导致土壤肥力逐年下降，使割草地的优良牧草衰退，以及牧草的产量降低。因此，为了改善割草地的生产状况，维持和提高其生产力，必须采用合理的利用和管理方式。其中一个重要技术就是轮刈。

　　轮刈技术，即采用轮换的方式，逐年改变割草地的刈割时间和次数，同时进行草场培育，以使植物能够积累足够的营养物质并形成种子。这样，植物不仅能够通过种子繁殖，还能够进行营养繁殖，同时也能改善其生长条件。

　　在实施轮刈的时候，可以将割草地划分为 2～6 块地段，然后根据一个确定的轮刈方案，对每个地段进行逐年的轮换利用和培育。

　　实施轮刈技术时，应该选择地形平坦，坡度在 15° 以下，无岩石和灌木的地方，这样方便机械化操作。此外，牧草的组成以高草为主，叶层的高度不应低于 35 cm，牧草的覆盖度也不应低于 50%。

（一）刈割方法

　　关于刈割方法，轮刈技术和非轮刈的割草技术基本一致。通常情况下，每年刈割一次，最适宜的高度是在 5 cm 左右，但这个高度可以根据草地的类型进行适当的调整。

　　轮刈是一种对割草地进行合理利用和管理的有效方式。它有助于改善割草地的生产状况，提高割草地的生产力，同时也有利于保持和提升土壤的肥力，防止牧草的衰退和产量的下降。

（二）轮刈方案

　　为了优化草场利用和管理活动，可以采用不同的轮刈方案。这些方案根据草场的大小和需求，以及草种的物候期，将割草场分为不同的区域，按照一定的顺序和时间进行刈割。

　　首先是两年二区轮刈方案，将一个割草场依照物候期划分为两个区域，每个区域每年按序刈割。刈割的时间分为两个阶段，即开花期（7月中旬至 8 月上旬）和种子成熟期（8 月中旬至 9 月下旬）。如果第一区在第一年的开花初期刈割，那么第二年就在种子成熟期刈割。对于第二区，则在第一年的种子成熟期刈割，第二年在开花初期刈割。

　　其次是三年三区轮刈方案，将割草场划分为三个区域，每个区域每年按序刈割。根据主要牧草品种的物候期，分别在抽穗（现蕾）期、开花期和种子成熟期进行刈割。在每个区域刈割时，应留下 15～30 m 宽的缺割区。冬季轮刈区的方向应与主风向垂直，有助于种子的传播。具体的操作步骤为：第一区第一年在抽穗期刈割，第二年在开花期刈割，第三年在种子成熟期刈割；第二区第一年在开花期刈割，第二年在种子成熟期刈割，第三年在抽穗期刈割；第三区第一年在种子成熟期刈割，第二年在抽穗期刈割，第三年在开花期刈割。

最后是四年四区轮刈方案，这个方案将割草场划分为四个区域，采用休耕、施肥、灌溉、补播等技术进行轮作和刈割。在每个区域刈割时，应留下 15～30 m 宽的缺割区。冬季的轮刈区和休闲区（短时间不割，留作繁殖更新）的方向应与主风向垂直。具体操作步骤如下：第一区第一年休闲，第二年在抽穗期刈割，第三年在开花期刈割，第四年在种子成熟期刈割；第二区第一年在抽穗期刈割，第二年在开花期刈割，第三年在种子成熟期刈割，第四年休闲；第三区第一年在开花期刈割，第二年在种子成熟期刈割，第三年休闲，第四年在抽穗期刈割；第四区第一年在种子成熟期刈割，第二年休闲，第三年在抽穗期刈割，第四年在开花期刈割。

这些轮刈方案不仅有助于改善割草地的生产状况和提高生产力，还有利于维持和提升土壤的肥力，防止牧草的衰退和产量的下降。

第四章　天然草地干草利用与牧草青贮技术

第一节　天然草地干草利用技术

天然草地干草利用技术，具体可从以下八个方面进行论述，如图4-1所示。

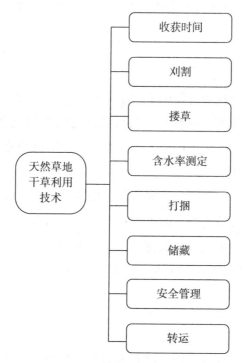

图 4-1　天然草地干草利用技术

一、收获时间

在农业管理中，收获时间和刈割技巧是保证作物质量和产量的关键。这不仅需要考虑天气状况，还要根据作物的生长阶段进行调整。

关于收获时间，最理想的时机是天气晴朗时。晴朗的天气有利于种子的采集和保存，减少了湿润天气带来的病虫害风险。而且，不同作物的收获时间应当根据它们的生长状况来确定。对于大多数植物来说，最佳的收获阶段通常是种子灌浆或乳熟时期。因为在这个阶段，种子的营养价值达到了峰值，如果过早或过晚收获，都可能对其质量造成不利影响。

二、刈割

刈割是农作物收获过程中非常重要的一步。刈割应逐行进行，确保不遗漏任何一个茬子，这样可以最大限度地收集到成熟的作物。同时，留茬高度应控制在 5 ～ 10 cm，这样既能保证作物的收获量，又不会对土地造成过度的损耗。

在实际操作过程中，如果遇到作物倒伏的情况，应逆着倒伏的方向进行刈割。这样做是因为，如果顺着倒伏的方向刈割，可能会因为机器的压力使作物进一步倒伏，从而导致刈割不彻底。而逆着倒伏的方向刈割，则可以最大限度减少这种风险，保证收获的效率和质量。

三、搂草

在农作物的处理过程中，搂草和含水率的测定是两个重要步骤。它们分别涉及作物的处理方法和水分含量的判断，对于保证农作物质量具有重要作用。

搂草是农业生产中常见的一种处理方法，目的是通过晾晒来减少牧草的水分含量。根据牧草的初始水分含量，搂草的时间会有所不同。如果刈割时牧草的水分含量在 50%～60%，那么通常需要将牧草晾晒 1～2天，使其形成草条带。相反，如果刈割后的牧草水分含量在 35%～40%，晾晒的时间就可以减少到 0.5～1 天。

四、含水率测定

在农业生产中，准确地测定农作物的含水率是非常重要的，因为它可以影响到农作物的储存和处理方法。虽然含水率可以在实验室中测量，但有时也可以使用更便捷的方法进行测量。具体的测量方法是：将一小部分草样放在滤纸上，然后放入微波转盘进行加热。在加热 5 分钟后，取出草样进行称重。之后，每隔 2 分钟继续对样品进行加热、干燥和称重，直到草样的重量不再变化。这种重量恒定的状态表示草样已经完全干燥，从而可以使用干燥前后的重量差来计算出草样的含水率。

五、打捆

打捆是在搂草后将牧草整理成一定形状和大小的过程，以方便后续的运输和储存。在打捆的过程中，需要注意的是捆扎的压力需要根据草样的含水率来调整。当草样的含水率较高时，应适当减小捆扎的压力，并在捆扎后按照规定及时进行堆放。反之，如果草样的含水率合格，即含水率较低，可以适当增加捆扎的压力，以降低打捆和运输的成本。

六、储藏

（一）草棚储存

在储存牧草时，需要选择合适的设施和地点。草棚是一种常见的储存设施，通常建在阳光充足、通风良好、干燥、平坦、易于管理和运输的地点。草棚的结构可以选择敞开式或三面墙式，方便机械或人工堆垛。此外，还可以选择开放式、半开放式、拱形或双坡屋顶的草棚。

需要注意的是，开放式草棚的迎风侧应设有风障，高度应比檐口高出0.4～0.5 m，这样可以有效地阻挡风对牧草的影响。对于风力较大的地区，建议使用前开式或封闭式的设施。

在草棚的地面，需要有良好的防潮能力，以防止水分对牧草的影响。为了保证排水，草棚周围需要设有排水沟，其宽度应为0.3～0.4 m，深度为0.4～0.6 m，并且排水沟的纵向坡度应为15%。为了保护排水沟，应在排水沟表面设置沟盖。在堆放牧草时，需要按照设施的长轴方向进行堆放，堆放宽度宜为4～6 m，高度距檐口0.3～0.4 m。此外，为了保证通风，设施外侧应有0.5～1 m的通道，并在各个牧草堆之间预留1 m的通风带。

（二）露天堆储

不同于草棚储存，露天堆储是将牧草堆积在户外，使用特殊的方式来防止牧草受到天气的影响。

在堆垛牧草的时候，先要保证堆垛的内部和外部都保持整齐，堆垛的形状最好像金字塔，这样不仅能使堆垛更稳定，还能使牧草更容易进行通风。在开始堆垛之前，堆垛的底部应该先铺上防水布或一层较厚的干草，然后将底部的一层牧草朝同一个方向侧立起来。这样，当按照顺序堆放牧草的时候，牧草就能够在防水布或干草的保护下，免受湿度的影响。最后，在牧草堆垛的顶部盖上防水布，将牧草完全封闭起来。这样可以进一步防止雨水对牧草的影响，确保牧草的干燥和质量。

在堆垛之间，需要留出10～15 m的空间，并在这个空间设置防火、防水带。这样，即使在遇到火灾或者大雨的情况下，也能够保证牧草的安全。

七、安全管理

关于安全管理问题，首先，应当选择通风、干燥的地方来储存牧草，并且尽量避免在出风口附近储存，以免增加牧草受到风的影响的风险。

其次，应该尽量将牧草存放在远离生活区的地方，并配备防火设施，以防止火灾的发生。为了降低生产经营的风险，还应该及时办理各种草业保险，包括天然草原保险、种植保险、仓储保险、运输保险、天气保险等。最后，需要由专门的人员定期进行质量和安全检查，以预防问题的发生。

八、转运

在牧草的管理和储存过程中，转运也是一个重要的环节。这个环节涉及运输人员的安全培训、运输车辆的管理，以及对运输信息的记录等。

首先，需要定期对运输人员进行安全培训。这是因为在运输牧草的过程中，如果不注意安全，可能会导致人员受伤或者牧草损失。因此，需要教育运输人员如何正确、安全地进行牧草的运输，使他们能够定期更新安全知识。

其次，要对运输车辆进行管理。在车辆进入工厂前，排气管上要戴汽车防火帽，这是为了防止引发火灾。同时，运输人员在工作过程中绝对不允许吸烟，因为烟蒂也可能引发火灾。此外，还需要限制大型运输车辆的入场，严禁载重 20 t 以上的大型运输车辆进入天然草地，以防止车辆对草地造成破坏。而对于必须进入天然草地的运输车辆，也需要规定其行驶路线，以最大限度地保护草地。

在运输车辆进入仓库前，需要对车辆进行标识，记录下牧草的产地、装卸日期、数量、批次等重要信息。这样，无论是仓库管理人员，还是运输人员，都能够快速、准确地了解车辆和牧草的信息。

在转运环节，需要注重运输人员的安全培训，对运输车辆进行管理，并对运输信息进行记录。这样才能保证牧草的转运安全、顺利，也才能保证牧草的质量和数量。

第二节　牧草青贮技术

牧草青贮技术，具体可从以下六个方面进行详细论述，如图 4-2 所示。

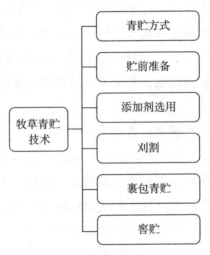

图 4-2　牧草青贮技术

一、青贮方式

青贮饲料，是一种利用天然存在的或人工添加的乳酸菌在厌氧条件下，绿色饲草发酵而成的一种饲料。它的主要优势在于可以有效地延长饲料的保存时间，同时保留饲草的营养价值。

青贮饲料的加工过程是在一个专用的青贮设施中进行的。这个设施需要完全密封，防止空气进入，创造出一个厌氧环境。这是因为乳酸菌的生存和繁殖需要厌氧的环境，如果有空气进入，可能会引入其他微生物，影响乳酸菌的发酵效果。

乳酸菌在发酵过程中，会大量产生乳酸。乳酸可以使青贮饲料的环境变酸，抑制其他微生物的生存。在酸性环境下，大多数微生物都无法生存，因此，青贮饲料的微生物污染会大大减少。这不仅可以保证青贮饲料的安全性，还可以延长青贮饲料的保存时间。

绿色饲草在青贮过程中，其营养成分会被较好地保留。这是因为青贮过程是在低温、厌氧的条件下进行的，饲草的营养成分不会因为高温或氧化而损失。因此，青贮饲料是一种高营养价值的饲料。

青贮饲料的加工也需要注意一些问题。首先，青贮设施的密封性要好，否则空气会进入，影响乳酸菌的发酵。其次，青贮饲料的水分含量要适中，过高或过低都会影响乳酸菌的发酵。最后，青贮设施要定期清洗，以防止微生物的滋生。

二、贮前准备

在养殖业中，青贮饲料是一种重要的饲料来源，其制作过程涉及众多因素，包括养殖规模、设施条件、青贮量选择、青贮方式选择等。养殖者在准备青贮饲料时，需要对这些因素进行综合考虑，以确保青贮饲料的质量和养殖效果。

养殖规模对青贮饲料的需求量有直接影响。养殖规模较大的养殖场，对饲料的需求量也相对较大。因此，人们需要准备更多的青贮饲料。此外，养殖规模还影响青贮方式的选择。大规模养殖场可能需要使用机械化设备进行青贮，以提高工作效率；而小规模养殖场则可以手工进行青贮。

设施条件对青贮的质量有直接影响。青贮设施需要保持清洁，防止微生物污染，影响青贮质量。同时，需要定期检查设施，如有损坏，应及时修复。养殖者在青贮前，需要清理设施内的杂物，检查设施的完好性。

青贮材料的准备也是青贮工作的重要部分。养殖者需要根据青贮量和青贮方式的选择，准备足够的青贮材料。这些材料包括青贮饲草、青贮添加剂等。

青贮饲料的制备是一个复杂的过程，涉及众多因素。养殖者需要根据自身的养殖规模和设施条件，选择适合的青贮量和青贮方式。同时，他们还需要对青贮设施和设备进行维护，保证其完好性和正常运行。此外，还需要准备足够的青贮材料，以确保青贮的顺利进行。

三、添加剂选用

青贮饲料的制作过程包括切料、切碎、捆扎或灌装等，其中，添加剂的使用是确保青贮成功和质量的关键环节。这些添加剂能够促进乳酸菌的发酵，有助于提高青贮饲料的营养价值和稳定性。

乳酸菌在青贮过程中起到至关重要的作用。在厌氧条件下，乳酸菌能够发酵产生乳酸，抑制有害微生物的生长，进而保持饲料的新鲜度和营养价值。在切料、切碎、捆扎或灌装时喷洒添加剂，能够增加乳酸菌的数量，加速发酵过程，提高青贮效果。

青贮添加剂的种类很多，包括乳酸菌发酵剂、酶制剂、保鲜剂、防霉剂等。乳酸菌发酵剂能提供大量的乳酸菌，促进乳酸的产生，加速青贮过程，提高青贮饲料的品质。酶制剂能够分解饲料中的纤维素、淀粉等物质，增加饲料的可消化性。保鲜剂和防霉剂能够抑制有害微生物的生长，延长饲料的保存期。

选择合适的青贮添加剂，不仅能够提高青贮饲料的质量和效果，还能够提高饲料的经济效益。因此，养殖者在青贮饲料制作过程中，需要根据饲料的类型、养殖环境、设备条件等因素，选择合适的添加剂，喷洒在切料、切碎、捆扎或灌装等步骤中，以确保青贮的成功和饲料的质量。

四、刈割

在青贮饲料的制作过程中，一项重要的步骤是选择合适的收获期和处理饲草的含水率。特别是青贮原料的收获期和水分处理，它们对青贮饲料的质量和保存都有着重大影响。

通常在抽穗期至初花期对青贮原料进行收获，这个时期的选择基于饲草的营养价值和含水率。在抽穗到初花期，饲草的营养成分和生物质达到了峰值，这时候收获可使所制作饲料营养素达到平衡。而且，这个阶段的饲草含水率一般在 45% ～ 65%，这是进行青贮的理想水分含量，高于或低于这个范围的含水率都可能影响青贮的效果和质量。

如果收获后的饲草含水率过高，就需要进行适当的晾晒以降低水分含量。过高的含水率可能会导致青贮过程中的有害发酵，如丁酸发酵和醋酸发酵，这些不良发酵会降低青贮饲料的营养价值和口感，影响动物的食欲和生长性能。适当的晾晒不仅能够降低饲草的含水率，还有助于提高青贮的效果和质量。

选择适当的收获期和处理饲草的含水率是制作青贮饲料的关键步骤。通过在抽穗期至初花期收获饲草，并适当调整饲草的含水率，可以制作出高质量的青贮饲料，满足动物的营养需要，提高养殖效益。这需要饲草生产者和养殖者对饲草生长周期进行深入了解和掌握，并能够熟练运用青贮技术。

五、裹包青贮

青贮饲料的制作，特别是使用打捆机进行高密度压实打捆以及用拉伸膜包裹的过程，是提供优质动物饲料的关键步骤。通过这种方式，能够创造一个厌氧的环境，最终推动乳酸发酵过程的进行，以提供营养丰富、易消化的青贮饲料。

打捆不仅是为了便于存储和运输，还是为了将饲草内部的空气排出，为厌氧发酵创造条件。厌氧发酵是一种在无氧或氧气极低的环境下进行的微生物代谢过程，可抑制其他有害微生物的生长，保证青贮饲料的质量和安全性。

裹包主要是通过拉伸膜包裹打捆后的饲草，使之与外界隔绝，进一步确保发酵过程中的厌氧条件，并保护青贮饲料不受外部环境影响。选择高质量的拉伸膜是关键，它需要有足够的强度和伸展性，能够紧密包裹饲草，且不易损坏。

青贮饲料的存放至关重要。首选的存放地点应该是平整且排水良好的地面，避免积水和湿气的侵入，同时避免杂物或尖锐物体可能造成的裹包破损。存放地的选择和维护，直接影响到青贮饲料的质量和保存期。

日常的检查与维护不能忽视，需要定期检查包装或塑料薄膜的完整性，一旦发现破损，需要立即进行修复。及时的维护能够防止氧气的侵入和有害微生物的滋生，保证青贮饲料的质量和安全性。

青贮饲料的制作是一个涉及多个步骤和因素的过程。从打捆压实、裹包封存，到青贮的存放和日常维护，每个环节都需要精细操作和专业知识的运用。只有这样，才能生产出高质量的青贮饲料，满足动物的营养需要，提高养殖效益。

六、窖贮

青贮饲料的存储有多种方式，其中窖贮是常用的一种。窖贮包括地上式、地下式和半地上式，而青贮窖的建设因地制宜，以满足特定的养殖需求。

水泥青贮窖分为简单型和永久型。简单型窖适合养殖量较小的养殖户，造价较低，但可能寿命较短。而永久型窖适合规模化养殖，虽然投入成本较高，但是使用寿命长，更具经济性。青贮窖的建设应符合以下条件：靠近围栏、地势较高、干燥、避免强光直射、远离污水和污物、地下水位低、窖墙周围无树根等。

青贮窖一般为矩形，以便于装填和取用。窖内四壁应光滑，有利于保持窖内的清洁，减少有害微生物的滋生。底部应有一定的坡度，有利于多余的汁液排出，避免发酵过程中产生的液体积聚在窖底，引发饲料糜烂。

装填青贮原料是一个非常关键的步骤。装填应迅速而均匀，与压实作业交替进行，每次装料压实后，装填厚度不得超过 30 cm。这样做是为了保证压实度和发酵的均匀性。青贮原料以楔形从内到外分层填充，这样可以使得青贮原料更密实，有利于发酵。装填完成后青贮原料应比窖口高 30 cm，这是为了防止空气进入，影响发酵。为了保证压实效果，应采用窖压机或其他大中型轮式机械进行压实。

在装填和压实操作后，必须立即进行密封。密封的时间应该控制在 3 天内，过长的暴露时间会使得青贮原料失去水分，影响发酵。而且，过长的暴露时间也会导致青贮原料受到空气和微生物的污染。密封时应该用无毒无害的塑料薄膜覆盖，并且在塑料膜外放置重物压实。这是为了保证塑料膜的密封效果，防止空气进入。

对于窖贮的维护和管理也是非常重要的。应该经常检查青贮设施的密封性，及时发现并解决渗漏现象。这是因为一旦发生渗漏，不仅会导致青贮饲料的水分流失，还可能使得外界的空气和微生物进入，破坏发酵环境。同时，顶部积水应及时清除，防止积水渗到青贮饲料中，影响饲料的质量。

窖贮的设计、建设、操作和管理都是非常重要的，需要精心策划和严格执行。只有这样，才能保证青贮饲料的质量，满足动物的营养需求，提高养殖效益。

第五章　草地主要灾害种类

第一节　草地火灾

　　草地火灾是一种自然灾害，它由多种因素引发，包括自然火源、人为火源，甚至国外火源蔓延。它对环境、生态、人畜的生命安全以及草地畜牧业生产会产生非常严重的影响。

　　草地火灾通常可以归因于意外火源，如落叶和枯草的自然燃烧，甚至是境外火灾的蔓延。人为因素也是引发草地火灾的重要原因，如在干燥季节进行的开荒烧除、烧烤和焚烧垃圾等。然而，草地火灾的形成还需要一定的环境条件，如干旱的气候、大风的助力，以及富含可燃物的草地环境。

　　我国的东北、华北、西北地区每年都会出现上百次草地火灾，且内蒙古中东部和东北草原的西部最为频繁。而频繁发生火灾的地区主要位于北纬 45° 以北，东经 110° 以东。在这些地方，草群高、草层厚，枯枝落叶丰富，枯草水分含量少。在干旱气候和大风的作用下，这些地方容易发生草地火灾。草地火灾一般来势凶猛，火势蔓延很快，对草地畜牧业生产极为不利。

　　草地火灾通常发生在 9 月下旬至次年 5 月，尤其是 11 月和次年的 4 月到 5 月。这是因为在这个时期，大部分地区的气候干燥，草地的水分含量低，且风力较大，而这些都是引发草地火灾的有利条件。

　　要有效防止和控制草地火灾，需要从源头抓起，即加强对草地的管理，合理利用和保护草地资源，减少可燃物的积累。另外，提高公众的火灾防控意识，避免人为原因引发火灾。同时，也需要建立完善的火灾预警和应急处置体系，提高对火灾的预警和应急处置能力。

草地火灾对生态环境和社会经济都造成了极大的破坏。因此，必须高度重视草地火灾防控工作，从源头控制、早期预警到应急处置，都需要全社会的共同努力。

关于草地火灾，主要从以下三个方面展开论述，如图 5-1 所示。

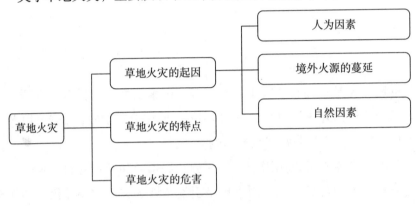

图 5-1　草地火灾

一、草地火灾的起因

草地火灾的发生，主要由三个因素引发：人为因素、自然因素和境外火源的蔓延。每一个因素都是火灾发生的关键因素，但它们之间的相互作用更为复杂。

（一）人为因素

人为因素包括牧民倾倒炉火的复燃、机动车引擎喷火、乱扔烟头、小孩玩火等行为。人为因素造成的草地火灾损失巨大，大火烧毁草地，造成人畜伤亡，经济损失严重。此类火灾的防控工作主要是通过公众教育，提高人们的火源管理和火灾防控意识，减少这类火灾的发生。

（二）境外火源的蔓延

草地火灾监测表明，蒙古国和俄罗斯境内的大火，随风向南和东南方向蔓延，是引起我国草地火灾的一个重要原因。尤其是在内蒙古东部草原和毗邻地区，年均由境外火源蔓延引发的火灾有几起至数十起。这种类型的火灾防控需要加强国际合作，建立健全跨境火灾的监测和预警系统，以及应急处置机制。

（三）自然因素

在内蒙古东部草原和东北草原区的西部，草地上覆盖有丰富的可燃物，遇到闪电极易发生火灾。在秋后降雪前和第二年春季雪融化之后，由于气候干燥、风大、日照时间长，可燃物自燃易引起草地火灾。此外，草地上有大量牲畜骨头散布，骨头中含有丰富的磷，也容易引发草地火灾。对于这种情况，需要加强草地管理和保护，合理利用和清理草地上的可燃物，减少火灾发生的风险。同时，要建立健全的火灾预警系统，提高对自然火源的监测和预警能力，尽早发现火源，及时进行应急处置。

草地火灾的防控是一项复杂而重要的任务。它需要人们对火灾的引发因素进行全面了解，制定有效的预防措施，建立健全的火灾应急处置体系，同时，通过公众教育和国际合作，提高火灾防控能力。

二、草地火灾的特点

草地火灾是一种自然灾害，特别是在内蒙古东部和东北草原，这些地方草地的草高、草层厚，可燃物丰富。一旦起火，风助火势迅速蔓延，明火呈不规则线形不断向外扩散。由于火势凶猛，烟雾弥漫整个火场上空几十千米甚至数百千米。其特点是在大风的作用下火势旺、发展速度快、范围大，甚至会在邻近林区引起森林火灾，对草原和森林生态系统破坏严重，有形和无形的损失均会很大。

草地火灾具有发生突然、蔓延快速、影响范围广等特点。这是因为草地生态系统中，草本植物占主导地位，草层厚，枯草和落叶等可燃物质丰富，一旦发生火灾，火势迅速发展，极易形成大规模火灾。

草地火灾蔓延速度快，火势旺。在大风的助推下，火势迅速扩大，不断向外扩散。尤其是在强风和干燥的环境下，火灾蔓延速度极快，可在短时间内烧毁大片草地。火势凶猛，烟雾浓重，对人们的生活、生产和环境都会造成严重影响。

草地火灾对环境和生态系统的破坏严重。火灾会烧毁草地上的植被，使土壤裸露，加速土壤侵蚀和流失，破坏土壤结构，降低土壤肥力，严重影响草地的生产力和生态系统的稳定性。同时，火灾烧毁草地植被，也会引发其他一系列的生态环境问题，如动物种群结构和数量的变化，生物多样性的减少，以及水源地的污染等。

三、草地火灾的危害

草地火灾是全球性的环境问题，其危害极其严重。它不仅会破坏生态环境，降低生物多样性，还直接影响人类的生产和生活。具体来说，草地火灾会造成草地资源破坏、生物多样性减少、生态系统平衡破坏、直接经济损失和人畜伤亡。

草地火灾直接导致大面积的草地资源被毁。据统计，自中华人民共和国成立以来，我国共发生草地火灾5万多起，受害草地面积达2亿km²。这些草地原本是牧民的放牧地和割草地，是维持生态平衡的重要元素，一旦被破坏，就意味着大量的生物资源丧失，生态系统的稳定性和可持续性受到威胁。

草地火灾会导致生物多样性的减少，甚至有些植物种类濒临灭绝。火灾会破坏植物的生存环境，改变植物群落的结构和种类，甚至使一些稀有植物种类面临灭绝的威胁。这样不仅降低了草地的生物多样性，还影响了草地生态系统的稳定性和恢复力。

草地火灾会破坏草原的生态系统平衡。草地生态系统的平衡依赖草地生态要素的相互作用和平衡，一旦受到火灾的冲击，这种平衡就会被打破。例如，火灾会改变土壤的物理和化学性质，破坏草地的水分和养分循环，从而影响草地生态系统的稳定性和生产力。

应对草地火灾需要人们的共同努力。一方面，要加强火灾的预防和管理，提高火灾预警和应急处理能力，减少火灾的发生。另一方面，要加强草地的保护和修复，通过生态恢复和重建，恢复草地生态系统的稳定性和生产力，维护生物多样性。

第二节　草地生物灾害

草地生物灾害是一种严重的生态问题，不仅会对当地的自然生态环境产生破坏，还会对人类的生活和经济活动产生严重影响。我国的草地生物灾害可以从以下三个角度来讨论：草地生物灾害的类型与特点、草地生物灾害的影响，以及草地生物灾害的未来趋势。如图 5-2 所示。

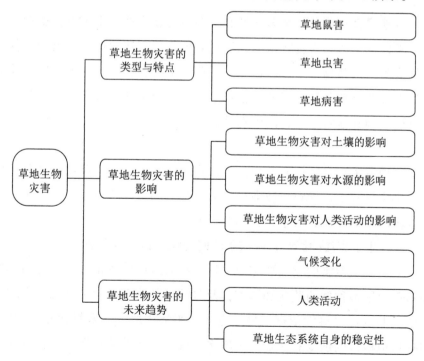

图 5-2　草地生物灾害

一、草地生物灾害的类型与特点

在我国，主要的草地生物灾害包括草地鼠害、草地虫害、草地病害等。例如，据中国科学院研究，近年来在青藏高原等地区，土拨鼠数量剧增，造成草地质量明显下降，严重影响畜牧业发展。而草地虫害中，牧草地蝗灾是最为常见的。据统计，每年在我国的草原地带，牧草地蝗灾面积达到数百万公顷，经济损失巨大。

（一）草地鼠害

草地鼠害对草地质量和植被覆盖产生了直接影响。鼠类通过啃食和破坏草地的植被，导致草本植物数量减少和植被覆盖度降低。这不仅降低了草地的生产力和生物量，还使得草地容易遭受风蚀、水蚀和土壤侵蚀等。

草地鼠害对草地生物多样性和生态系统稳定性产生了重要影响。草地鼠类以草本植物为食物来源，通过对植物的破坏和掠食，改变了草地植物群落结构和物种组成。这导致了草地生物多样性的减少和生态系统中生态位的重新分配，降低了生物多样性的稳定性和抗逆能力。草地鼠害还会影响其他野生动物的栖息地和食物链，进一步削弱草地生态系统的功能。

草地鼠害对畜牧业和牧民的生计产生了重要影响。草地鼠害会使牧草的供应量减少，导致畜牧业生产力下降。同时，草地鼠害还会破坏草原牧区的草地覆盖和质量，影响牲畜的饲养条件和健康状况。这对牧民的生计产生了直接的影响，降低了他们的收入和生活水平。

应对草地鼠害问题需要综合采取多种有效的管理措施。一方面，加强对草地鼠害种群的监测和调查，及时掌握其分布和数量动态，为防控措施的制定提供科学依据。另一方面，实施草地生态恢复和修复措施，包括草地植被的恢复和保护、土壤水分管理、防治草地退化等，以提高草地的抗鼠害能力和恢复力。此外，还可以采取物理防控方法，如建设防鼠围栏和设置草地灌溉设施，以减少鼠类的侵入。在实施防控措施的同时，要加强科学宣传和教育，提高公众对草地鼠害的认识和参与度，形成社会共治的合力。

草地鼠害作为我国草地生态系统面临的一个重要问题，对草地质量、生物多样性、畜牧业和牧民生计都产生了严重影响。通过科学监测、综合防控和公众参与，可以减轻草地鼠害的影响，保障草地生态系统的稳定和可持续发展。这需要政府、科研机构、畜牧业生产者和公众共同努力，形成多方合作的良好局面。

（二）草地虫害

在我国的草原地带，虫害也很常见。草原蚱蜢、牧草地蛾和蝗虫等都是草地虫害的主要类型。草地虫害对草原生态系统的影响主要体现在以下几个方面。

第一，草地虫害对草地植被的破坏。牧草地蛾等昆虫以草本植物为食物来源，通过大量食用草地植物的叶片和茎秆，直接破坏植被的结构和功能。这导致草地植物的生长受到抑制，植被覆盖度减少，草地生产力和生物量明显降低。

第二，草地虫害对草地生物多样性的影响。昆虫通过大量食用和破坏草地植物，改变草地植物群落的组成和结构，削弱物种多样性和生态系统的稳定性。草地植物的减少和退化会使其他生物的栖息地和食物资源减少，影响草地生态系统中的动物多样性和食物链的稳定性。草地虫害还可能对其他野生动物和鸟类的生存和繁殖产生负面影响，进一步破坏草原生态系统的完整性。

第三，草地虫害会对畜牧业和牧民的生计产生严重影响。昆虫通过大量食用牧草，降低牧草的供应和质量，导致畜牧业的生产能力下降。会使牧民的牲畜数量减少，饲料短缺，经济收入减少，生活水平下降。草地虫害还可能引发牧民与野生动物之间的竞争和冲突，影响人类与自然的和谐共处。

为了有效应对草地虫害问题，需要采取综合的防控措施。一方面，加强草地虫害的监测和预警，及时获取虫害发生的信息和动态，为防控措施的制定提供科学依据。另一方面，实施生物、化学和物理等多种防控手段。例如，可以利用生物防治措施，即引入天敌和寄生性昆虫来控制虫害种群的增长。化学防治措施，即选择合适的杀虫剂进行喷洒。物理防治措施，即搭建防虫网、建设防虫墙等，以减少虫害的入侵和扩散。此外，还应加强草地生态恢复和修复工作，通过合理的管理措施提高草地的抗虫能力和生态恢复能力。

（三）草地病害

草地病害虽然在我国的草地中并不常见，但其影响不容忽视。一些由病原微生物引发的病害，如霉菌病、病毒病和细菌病等，可能会严重影响草地生态系统的健康。比如，牧草黄萎病是由一种叫作大丽轮枝菌的病原菌引发的，该病害能够严重降低牧草的产量和质量。在西藏的一些地区，由于牧草黄萎病的流行，草地产量下降了近20%，严重影响了当地的畜牧业。

草地病害对草地生态系统的影响主要表现在以下几个方面。

第一，草地病害对草地植被的破坏。病原微生物通过感染草地植物的叶片、茎秆和根系等部分，引发植物组织的病变和死亡。这会导致草地植物的生长受到抑制，植被覆盖度减少，草地的生产力和生物量明显降低。草地植物的病变和凋萎进一步导致土壤暴露、水分蒸发增加和土壤侵蚀等问题，进而加剧草原的退化。

第二，草地病害对草地生物多样性的影响。草地病害通过感染和杀死草地植物，改变植物群落的组成和结构，影响草地生态系统的稳定性和多样性。草地植物的病害引发了物种的减少和生物多样性的降低，从而影响了草原生态系统中的动物多样性和食物链的稳定性。此外，草地病害还可能对野生动物和鸟类的生存和繁殖产生负面影响，进一步破坏了草原生态系统的完整性。

第三，草地病害对畜牧业和农牧民的生计产生了严重影响。草地病害通过感染和破坏牧草，降低牧草的供应量和质量，使得牲畜的饲料短缺，从而影响畜牧业的发展和农牧民的生计。牧草黄萎病等病害的流行使得草地产量减少，牲畜的生长速度和肉质质量下降，牧民的收入减少，生活水平下降。此外，草地病害还可能增加防控成本和劳动负担，进一步加剧农牧民的经济压力。

针对草地病害的防控，需要采取一系列的措施。首先，加强对草地病害的监测和预警，及时掌握病害的发生和蔓延情况，为防控工作提供科学依据。其次，实施病害综合防治策略，包括生物防治、化学防治和物理防治等。生物防治可以利用天敌、有益微生物等生物资源对病害进行控制，减少对草地生态系统的负面影响。化学防治可以使用合适的杀菌剂和草地抗病品种进行病害的防治和控制。物理防治可以采取搭建遮阳网、改善排水条件等方式，提高草地的抗病能力和生态恢复能力。此外，还应加强草地生态修复工作，通过合理的管理措施提高草地的抗病能力和生态恢复能力，增强草地对病害的抵御能力。

二、草地生物灾害的影响

（一）草地生物灾害对土壤的影响

草地生物灾害，尤其是草地鼠害、虫害对草地土壤质量的影响，草地鼠害造成的草地退化，直接导致了土壤养分流失和土壤侵蚀。同时，草地虫害也会导致土壤养分流失。如草原蚱蜢，大量的蚱蜢不仅会直接破坏草原植被，而且还会间接导致土壤养分流失。

草地生物灾害对土壤的影响主要体现在草地鼠害和草地虫害对土壤质量的破坏方面。这些生物灾害引发的草地退化和植被破坏直接导致了土壤的养分流失、结构破坏和侵蚀加剧，进而影响了土壤的肥力和稳定性。

草地鼠害对土壤质量的影响主要体现在草地退化和土壤侵蚀方面。草地鼠类如土拨鼠、田鼠和鼠兔等的繁殖和啃食行为导致了草地的退化，降低了草地植被的覆盖率和生物量。这种退化现象使得草地土壤暴露在风雨侵蚀之下，加速了土壤侵蚀过程。草地退化和土壤侵蚀造成了土壤层的疏松和贫瘠，使得土壤中的养分和水分容易流失，进而降低了土壤的肥力和保水能力。

草地虫害对土壤质量的影响主要体现在养分流失方面。一些草地虫害如草原蚱蜢等大量啃食草地植被，不仅直接破坏了草地植被的生长和覆盖，而且还间接导致了土壤养分的流失。草地蚱蜢以草地植物为食，其大量繁殖和啃食行为会削弱草地植被的健康状况，导致植被减少和不均匀分布。这种植被破坏不仅使土壤暴露在阳光和风雨中，容易引发土壤侵蚀，而且减少了草地植物的养分吸收能力，导致土壤中养分的流失。草地虫害引发的土壤养分流失加剧了土壤贫瘠的程度，影响了草地的生态功能和生产力。

因此，加强对草地生物灾害的监测、预警和防控工作，采取综合措施保护和恢复草地生态系统的健康和稳定，对维护土壤质量和提升草地生产力具有重要意义。这需要政府、科研机构、农牧民和公众的共同努力和合作，形成多方协作的良好局面。

（二）草地生物灾害对水源的影响

草地生物灾害会导致草地退化，使草地的蓄水能力降低，甚至导致水源枯竭。

正常情况下，草地植被的覆盖可以减少地表径流和蒸发散失，促进水分渗透土壤，并通过根系的吸收和土壤层的储存维持水源的稳定。然而，草地生物灾害导致的植被破坏和退化使得草地的蓄水能力下降，增加了地表径流和蒸发散失的比例，减少了土壤中水分的储存和供应。这将直接影响草地地区的水资源供应和水循环的平衡。

草地生物灾害还会对地下水位产生影响，进一步影响水源的供应。草地退化导致的植被减少和土壤质地变差，使得土壤的持水能力减弱，雨水难以有效渗透土壤深层，而更容易以地表径流形式流失，减少了土壤水分的补给源。这将导致地下水的补给减少，地下水位下降，进而影响到水资源的供应和可持续利用。

（三）草地生物灾害对人类活动的影响

草地生物灾害对人类活动产生了广泛的影响，特别是对畜牧业的发展产生了直接的负面影响。草地是畜牧业的重要基础，提供了牧草作为动物饲料。然而，草地生物灾害导致的草地退化和草地产量下降，会直接影响畜牧业的发展和可持续经营。

草地退化是草地生物灾害带来的严重后果之一。草地鼠害、虫害和病害等生物灾害导致草地植被被破坏和减少，草地质量明显下降。这使得草地的生产力和营养价值降低，直接影响了牧草的产量和质量。草地退化会导致牧草资源的减少和不稳定，给畜牧业的养殖规模和经济效益带来严重挑战。

草地生物灾害导致草地产量下降，直接影响了畜牧业的发展。草地是畜牧业的主要饲料来源，然而草地生物灾害导致草地退化和减产，使得牧草供给减少，会使牧畜养殖面临饲料短缺和饲养成本上升的困境。这对畜牧业的规模发展、动物养殖品质和养殖效益都带来了严重的影响。

草地生物灾害还会对畜牧业的生态环境和动物健康产生影响。可能导致动物疾病的传播和流行，使畜牧业面临牲畜健康管理和疾病防控的挑战。

由此可见，草地生物灾害会对草原生态系统、土壤、水源和人类活动产生广泛而深远的影响。深入理解和研究这些影响，有助于制定有效的防治措施，保护草原生态环境。

三、草地生物灾害的未来趋势

随着全球气候变化和人类活动的影响，草地生物灾害可能会有所加剧。预测表明，如果不采取有效的应对措施，到 2030 年，我国草地生物灾害可能会导致草原生态系统服务价值降低 20%。

需要综合考虑多个因素来预测草地生物灾害的未来趋势，包括气候变化、人类活动和草地生态系统自身的稳定性。

（一）气候变化

气候变化会对草地生物灾害的未来趋势产生显著影响，特别是全球气候变暖会对草地生物灾害的发生频率和范围产生重要影响。随着全球气候的变暖，预计草地生物灾害的发生可能会更加频繁，且范围更广，从而对草地生态系统的稳定性、畜牧业发展以及生物多样性产生深远的影响。

气候变暖对草地鼠害的发生面积和程度可能产生显著影响。气候变暖导致温度升高和降水发生变化，可能为鼠类提供更适宜的生存条件和繁殖环境，使得草地鼠害的种群数量和分布范围扩大。这将给草地生态系统和畜牧业带来更大的挑战，要求加强对草地鼠害的监测、预警和防控措施。

气候变化可能对草地虫害的发生和种群动态产生影响。温度和降水的变化对草地虫害的生命周期、繁殖力和迁飞性等方面具有重要影响。例如，气候变暖可能导致虫害季节的提前和延长，使得虫害的发生时间窗口增加。此外，降水变化可能影响虫害的繁殖和迁飞行为，进而改变虫害的分布范围和密度。因此，人们需要对气候变化对草地虫害的生态学过程和种群动态产生的影响进行深入研究，并制定相应的管理和防控策略。

气候变化还可能对草地病害的发生和传播产生很大影响。温度和湿度的变化可能影响病原菌的生长和繁殖，进而影响草地病害的发生和流行。例如，气候变暖可能加速病原菌的代谢和繁殖速率，增加病害发生的风险。此外，气候变化还可能影响病原菌和宿主植物之间的互动关系，改变病害的传播途径和病害的发展趋势。因此，加强对草地病害与气候变化之间相互作用的研究，有助于制定更有效的病害防控策略和管理措施。

气候变化会对草地生物灾害的发生频率和范围产生显著影响。随着全球气候的变暖，草地鼠害、虫害和病害的发生可能会更加频繁和严重。这将对草地生态系统的稳定性、畜牧业发展和生物多样性产生影响。为了应对气候变化带来的挑战，需要加强对草地生物灾害与气候变化之间相互作用的研究，制定科学有效的防控和管理策略，以保护草地生态系统的健康和可持续发展。

（二）人类活动

人类活动会对草地生物灾害的未来趋势产生重要影响，特别是农业集约化的发展，可能会导致草地生物灾害的风险增加。农业集约化的推进在一定程度上改变了农业生产方式和农地利用格局，对草地生态系统产生了直接和间接的影响。

农业集约化的推进可能改变农田生态系统与周边自然生态系统的相互关系，影响草地生物灾害的传播和扩散。由于农田的集约化经营和大规模种植，农业用地与周边自然生态系统之间的边界和生态交互作用发生变化。这种变化可能为草地生物灾害的传播提供了更多机会和途径，如草地虫害在农田和草原之间的迁移与扩散可能更为便利，增加了农业用地面临的风险。

农业集约化发展也会影响人类与草地生物灾害的相互关系。农业集约化的推进常常伴随着化学农药的大量使用和农业生产的规模化，这可能对草地生态系统中的生物多样性和自然敌害产生负面影响，减小天敌对草地害虫的控制作用。此外，农业集约化可能加剧资源利用的竞争，草地生物灾害对农作物的侵害会进一步加剧农民的经济损失。

人类活动会对草地生物灾害的未来趋势产生重要影响。农业集约化的发展可能增加草地生物灾害的风险，通过改变草地生态系统的结构和功能，影响草地生物灾害的传播和扩散途径，影响人类与草地生物灾害之间的关系。为了减轻草地生物灾害对人类社会和生态系统的负面影响，需要采取有效的防控策略和管理措施，促进人类活动与草地生物灾害之间的协调和平衡。这包括加强监测和预警系统、推动可持续农业发展、促进生态保护和恢复等。只有通过综合治理和综合管理，才能实现草地生物灾害的有效防控和人类社会的可持续发展。

（三）草地生态系统自身的稳定性

草地生态系统的稳定性对草地生物灾害的未来趋势具有重要影响。草地生态系统的稳定性指的是，其在面对外部压力和变化时能够在功能和结构方面保持稳定程度。稳定的生态系统通常具有更强的抵御和恢复能力，能够降低草地生物灾害的发生频率并降低负面影响。

草地生态系统的物种多样性和生态结构会影响其稳定性。物种多样性可以提高生态系统的稳定性，因为不同物种在生态功能上具有互补性和冗余性。草地生物灾害通常是由某一物种的异常增殖或疾病传播引起的，而物种多样性可以降低灾害对整个生态系统的冲击。同时，生态结构的稳定性也在一定程度上阻碍草地生物灾害的传播和扩散。例如，稳定的食物链和食物网可以维持物种之间的相互依存关系，降低虫害暴发的风险。

草地生态系统的生态过程和功能对草地生物灾害起抑制和调控作用。草地生态系统中的生态过程包括物质循环、能量流动和生物交互等，它们相互作用并维持了生态系统的平衡。例如，土壤微生物的活动和植物根系的分泌物能够影响害虫的数量和活动，从而调节草地虫害的发生频率。草地生态系统的功能包括土壤保持、水源涵养和养分循环等，这些功能的稳定性对草地生物灾害的预防和控制具有重要意义。

草地生态系统的环境条件和自然干扰也影响其稳定性和抗灾能力。草地生物灾害的发生往往受到环境因素的影响，如气候、土壤和水分等。草地生态系统在面对自然干扰时能够通过适应和调节来保持稳定，但如果环境条件发生变化或干扰过于频繁和强烈，就可能会破坏草地生态系统的稳定性，增加草地生物灾害的发生风险。

草地生态系统的稳定性对草地生物灾害的未来趋势产生重要影响。通过提高物种多样性、维护生态结构的稳定、强化生态过程和功能的正常运行、适应环境变化和减少人为干扰等措施，可以提高草地生态系统的稳定性，减少草地生物灾害的发生。进一步的研究和实践需要深入探索草地生态系统稳定性与草地生物灾害之间的关系，以制定更有效的管理和保护策略，确保草地生态系统的健康和可持续发展。

第三节　草地气象灾害

草地气象灾害以干旱、雹灾、风暴、冰冻和高温等表现形式存在，对我国的草原生态系统和草原农牧业具有显著影响。

一、干旱

草地干旱是我国草地气象灾害中一种常见的现象，尤其在北方草原地区，如内蒙古、新疆和甘肃等地，干旱频繁发生。这种气象灾害会对草地生态系统和相关经济活动产生重要的影响。

草地干旱直接影响牧草的生长和产量。干旱条件下，草地受到水分供应的限制，导致植物的生长受阻。缺乏足够的水分，草地植物的光合作用能力受到抑制，进而则导致牧草生产力下降。牧草是畜牧业的重要饲料来源，其减产会对牲畜的喂养和养殖业的发展带来不利影响。

草地干旱会对草地生态系统的稳定性和可持续性构成威胁。干旱导致草地植被覆盖率减少，土壤水分蒸发增加，土壤干燥程度加剧。这将进一步削弱土壤的保水能力，导致水资源的不均衡分配和土壤贫瘠化，从而对草地的生态功能和稳定性产生负面影响。此外，草地干旱还会导致植物的死亡和土壤侵蚀加剧，使草地生态环境恶化。

草地干旱为畜牧业和相关经济活动带来了经济损失。草地干旱会导致牧草减产，限制畜牧业的发展和畜禽养殖的规模。牧民会面临饲草短缺和动物饲养成本上升的问题，收入会受到影响。此外，干旱还会影响与畜牧业相关的农村经济活动，如毛皮加工和农牧产品的销售，进一步影响当地经济的稳定性和可持续发展。

为了应对草地干旱的挑战，需要采取一系列的管理和适应措施，以提高草地的抗旱能力、保护生态环境、维护畜牧业的发展和农牧民的生计，实现水生生态系统的可持续发展和人与自然的和谐共存。

首先，加强对草地干旱的监测和预警，及时了解干旱情况和发展趋势。其次，开展适应性管理，如合理调整畜牧业的规模和饲养模式，采取合理的灌溉措施和土壤水分保持措施，以增加牧草的生产量和保持草地的生态稳定性。最后，加强科研和技术创新，推动适应性耐旱品种的培育和推广，提高草地干旱适应能力。同时，加强对公众的宣传教育，提高人们对干旱灾害的认识和防范意识，促进社会参与和支持。

二、雹灾

草地雹灾是一种严重影响草地生态系统的气象灾害，尤其在青藏高原等高海拔地区。雹灾对草地生态系统造成了严重的破坏和损失。

草地雹灾对草地植被和土壤的直接破坏会导致生态系统功能的丧失。雹灾带来的冰雹颗粒会对草地植被的叶片、茎秆和地下部分造成机械损伤，导致植物的生长受阻，甚至死亡。此外，雹灾还会引发土壤侵蚀和脱落，破坏土壤结构和质量，降低土壤保水能力和养分供应，进一步削弱草地的生态功能。

草地雹灾会对草地生产力和畜牧业产生严重的影响。草地是畜牧业的重要饲料来源，雹灾会导致草地植被损失和生产力下降，进而直接影响牧草的生长和产量。草地雹灾会导致牧草减产，限制牲畜的饲养规模和畜牧业的发展，对畜牧业经济造成严重的损失。

草地雹灾对草地生态系统的恢复和修复构成了挑战。雹灾导致的草地植被破坏和土壤侵蚀增加了生态系统的恢复难度和周期。草地的恢复需要经历较长时间的植被重建和土壤修复过程，同时还需要应对潜在的次生灾害风险，如土壤侵蚀和水土流失等。

为了应对草地雹灾的挑战，需要采取一系列的管理和保护措施。首先，加强对草地雹灾的监测和预警，及时掌握雹灾的发生情况和发展趋势，以便采取相应的防护措施。其次，加强草地生态系统保护和修复工作，包括植被重建、土壤保护和水源管理等，以促进草地生态功能的恢复和稳定。

三、风暴

草地风暴是北方草原地区常见的一种气象灾害，对草地生态系统会产生显著的影响和破坏。特别是在我国西北地区，草地风暴的频繁发生会导致草地土壤的侵蚀和破坏。

草地风暴引起的强风和风沙作用会直接导致草地植被的破坏和土壤侵蚀。强风会破坏草地植物的叶片和茎秆，导致植物受损或死亡，减少植物的生物量和覆盖度。同时，风沙作用会将土壤颗粒带走，造成土壤侵蚀和草地土壤层的丧失。这些直接的破坏作用会导致草地植被稀疏化、土壤贫瘠化，进而影响草地的生态功能和生产力。

草地风暴对草地生态系统的水热条件产生了严重影响。草地风暴通过减少植被覆盖和土壤保水能力，使草地水分蒸发增加、水分利用效率降低，进而导致水分缺乏和干旱化。此外，风暴所引起的风速和风向的改变也会影响草地的微气候环境，进而影响草地植物的生长和适应能力。这些水热条件的变化会对草地植被的分布和生态过程产生显著的影响。

草地风暴还会对草地生态系统的碳循环和土壤质量产生影响。草地植被是碳循环的关键组成部分，草地风暴的破坏导致植被生物量减少和植物死亡，进而降低草地的碳吸收和固定能力。此外，风暴引起的土壤侵蚀导致土壤质量下降，减少土壤的养分和有机质含量，并会对草地的生态功能和土壤生物多样性产生负面影响。

为了应对草地风暴的挑战，需要采取一系列的管理和保护措施。首先，加强对草地风暴的监测和预警，及时采取防护措施，如建立风帘、植被覆盖和草皮保护等，以减轻风暴对草地的冲击。其次，实施草地生态恢复和修复措施，包括植被恢复和土壤保护，以增强草地的抗风暴能力和恢复力。最后，通过科学研究和跨部门合作，加强对草地风暴的认识和预防，保护和恢复草地生态系统的功能和服务，实现人与自然的和谐共生。

四、冰冻

草地冰冻灾害主要发生在我国的东北地区，会严重影响草地生产力。例如，2018 年，东北地区遭受了严重的冰冻灾害，导致该地区草地受冻面积达到了 200 万公顷，草原生产力下降了 25%。

草地冰冻灾害会对草地植物的生长和存活产生直接影响。低温和冰冻条件会冻结草地土壤中的水分，导致植物根系受阻，水分供应不足，影响植物的生理代谢和养分吸收。冰冻还会破坏植物细胞结构，引起组织冻裂和植物死亡。这些直接的破坏作用进一步导致草地植物的数量减少、种类减少和生物量降低，进而影响草地的生态功能和生产力。

草地冰冻灾害会对草地土壤的物理、化学和生物特性产生重要影响。冰冻条件下，土壤中的水分形成冰结构，导致土壤颗粒间的空隙变小，土壤的渗透性和通气性降低，限制了根系生长和养分吸收。同时，冰冻还会破坏土壤结构和团聚体，增加土壤的坚硬度和密度，降低土壤肥力和水分保持能力。这些土壤特性的变化会对草地植物的生长和根系发育造成阻碍，进而影响草地的生态过程和土壤生物多样性。

草地冰冻灾害还会对草地生态系统的水热条件产生重要影响。冰冻条件下，土壤中的水分冻结形成冰层，阻碍水分的渗透和循环，导致水分的累积和淤积。这种水分的异常分布和积聚会改变草地的水热条件，增加土壤水分蒸发和散失量，降低水分利用效率和草地的抗旱能力。此外，冰冻还会影响土壤和植被的热量交换过程，导致温度的异常变化和不稳定性，影响草地的生态功能和物种适应性。

草地冰冻灾害对草地生态系统的影响主要体现在草地植物的生长和存活、土壤特性和水热条件等方面。通过加强科学研究、提升预警和监测能力、合理规划和管理草地资源，可以有效减轻草地冰冻灾害的影响，保护草地生态系统的功能和服务，促进草地的可持续利用和生态安全。

五、高温

高温会对草地植物的生理代谢和生长发育产生直接影响。极端高温条件下，草地植物面临光合作用受限、蒸腾作用增加、水分供应不足和养分吸收减少等压力。高温会引起植物叶片脱水和叶绿素降解，进而导致光合效率下降和生物量减少。同时，高温还会破坏细胞膜结构，导致细胞脱水和死亡，进一步影响草地植物的存活和生长。

高温会对草地土壤的物理、化学和生物特性产生重要影响。高温条件下，土壤中的水分迅速蒸发，导致土壤干燥和水分紧缺。这会导致土壤结构的破坏、颗粒间的间隙变大和通气性增加，进而降低土壤的保水能力和养分供应能力。此外，高温还会引发土壤微生物的死亡和活动减缓，影响土壤生态过程和养分循环，进一步削弱草地生态系统的功能。

高温会对草地生态系统的水热条件产生重要影响。高温会导致水分快速蒸发，加剧草地的水分亏缺和干旱风险。草地水分的不足限制了植物的生长和生理功能，同时也影响了土壤的水分利用和保持能力。此外，高温还会影响草地的气温条件，加剧草地的热胁迫和水分的蒸发散失，进一步影响草地的生态过程和生态适应性。

高温对草地生态系统的影响主要体现在草地植物的生理代谢和生长发育、土壤特性和水热条件等方面。了解草地高温灾害的影响机制和采取有效的管理和保护措施，对于维护草地生态系统的稳定和可持续发展具有重要意义。通过加强科学研究、改善草地管理和调控水资源、提升草地抗逆能力和适应性，可以有效减轻草地高温灾害的影响，保护草地生态系统的功能和服务，实现草地的可持续利用和生态安全。

草地气象灾害会对草地生态系统产生严重影响，因此需要采取科学的管理和治理策略，以保护草地生态环境，确保其生态服务功能的正常运行。需要对灾害发生的规律和影响进行深入研究，建立健全草地气象灾害监测预警体系，及时提供灾害信息，提高防灾减灾效率。

加强草地生态修复工作也至关重要，如在干旱严重的草地上种植耐旱性强的草本植物，提高草地对气象灾害的抵御能力。此外，对于高温和干旱等极端气象事件的应对，也可以考虑利用现代技术手段，如遥感技术，实现对草地环境的实时监测，并及时采取应对措施。

除了科研和技术手段，提高公众对草地气象灾害的认识和理解，增强社会各方对草地保护的意识，也是应对草地气象灾害的重要策略。应推动全社会共同参与草地保护，以实现草地生态的可持续发展。

第四节　陆生野生动物疫病与外来生物入侵

一、陆生野生动物疫病

陆生野生动物疫病对草地生态系统的破坏效应是一种严重的环境问题，往往会对草地的稳定性和生物多样性产生影响。从生态学角度来看，草地是一个复杂的动态系统，动植物和微生物构成了一个密切相互作用的网络，疫病作为一种生物扰动，其影响力是广泛而深远的。

疫病的发生对草地生态系统中的野生动物种群产生明显影响，具体表现为种群数量的减少。这不仅改变了动物种群的分布，还影响了它们在草地生态系统中的角色和功能。在一个健康的草地生态系统中，动物、植物和微生物通过食物链和食物网建立复杂的相互关系，形成相对稳定的生态平衡状态。这种平衡通过能量的流动和物质的循环，维持了系统的稳定性和功能。

疫病的发生和传播会对这种平衡产生冲击，甚至破坏这种相对稳定的生态平衡。疫病的快速传播可能导致某些动物种群数量急剧下降，进而影响它们在食物链和食物网中的位置，甚至影响其他物种的生存状况。例如，某种动物数量的急剧减少可能导致其食物的过度增加，而这种过度增加的物种可能会对草地生态系统中其他物种的生存产生威胁。

草地生态系统的生物多样性对于维持其稳定性和功能是至关重要的。研究发现，生物多样性的丧失会导致生态系统的稳定性下降，影响生态系统的物质循环和能量流动，进而影响草地生态系统的生态功能。疫病的发生和传播可能通过改变草地生态系统的物种组成和生物多样性，对草地生态系统的稳定性和功能产生深远影响。

野生动物是草地生态系统的重要组成部分，它们在食物网中扮演消费者的角色，通过控制植物种群的数量，对维持植被结构的稳定性起到了关键性的作用。在正常情况下，动物和植物之间的相互作用能够达到一种动态平衡，避免植物种群的过度扩张，确保草地植被结构的稳定性。

当野生动物种群因为疫病的暴发而大量死亡时，这种动态平衡可能会被打破。由于野生动物种群的数量大幅度减少，它们对植物种群的控制作用可能会减弱，导致某些植物种群的数量过度增长。过度增长的植物种群可能会改变草地的植被结构，如可能出现其他植物种群，改变草地的物种组成；可能会改变土壤的肥力和水分状况，影响草地的物理和化学环境。

草地的植被结构对于草地生态系统的稳定性和生态功能是至关重要的。草地植被结构的改变可能会影响草地生态系统的稳定性，例如，过度增长的植物种群可能会导致土壤侵蚀的增加，影响草地的土壤保持能力。草地植被结构的改变也可能会影响草地的生态功能，如过度增加的植物种群可能会改变草地的水分循环和能量流动，影响草地的水分调节和能量转换功能。野生动物疫病的暴发可能通过改变草地的植被结构，对草地生态系统的稳定性和生态功能产生深远的影响。从这个角度看，对于野生动物疫病的防控并不仅是动物健康问题，还是一项涉及草地生态系统保护的重大任务。对于这个任务，应该从生态系统的角度进行考虑，采取综合的、系统的防控策略，以维护草地生态系统的稳定性和生态功能。

疫病的蔓延不仅对草地生态系统内的生物多样性和结构产生影响，还可能对人类社会和经济活动产生影响。例如，草地是重要的畜牧业基地，野生动物疫病的暴发可能会威胁到家畜的健康，影响畜牧业的发展。此外，草地也是重要的生物多样性保护区，野生动物疫病可能会导致某些物种灭绝，影响生物多样性的保护。

在疫病防控上，应采取多元化的措施，包括强化疫病监测，提高早期预警能力，及时进行疫病防治，减少其对草地生态系统的影响。同时，应通过科学管理和合理利用，保持草地的生态稳定性和生物多样性，增强草地生态系统对疫病的抵抗力和恢复力。

在实施上述措施的同时，需要加强公众教育和科研工作，提高公众对陆生野生动物疫病对草地生态系统影响的认识，鼓励科研人员研究疫病的生态效应和防控策略，为防治陆生野生动物疫病、保护草地生态系统提供科学依据。

以上分析揭示了陆生野生动物疫病对草地产生的灾害影响，旨在引起人们对该问题的关注和思考。面对疫病对草地生态系统的挑战，需要采取积极有效的措施，通过科学管理和防治，保护草地生态系统的稳定性和生物多样性，为人类和自然环境的和谐共生贡献力量。

二、外来生物入侵

外来生物入侵对草地生态系统的影响表现为一种生态扰动，常常导致原生物种数量的减少，进一步影响草地生态系统的稳定性和生物多样性。外来生物包括动物、植物和微生物，其中外来植物入侵对草地生态系统的影响尤为显著。

（一）外来植物入侵

外来植物入侵对草地生态系统产生的影响是多方面的，尤其在改变物种组成、结构、生物多样性，以及生态环境方面具有重大影响。这些外来植物由于强大的适应性和竞争力，有能力快速占据草地生态系统，取代原生的植物种群。

强大的适应性让外来植物能够在新的生态环境中生存并繁衍，而强大的竞争力使得它们能够在与本土植物种群的竞争中占据上风。外来植物通过竞争资源，如阳光、水分、养分等，取代原生植物，成为草地生态系统的主导物种。这种物种的替代改变了草地生态系统的物种组成和结构，可能导致草地生物多样性的下降。生物多样性的降低可能对草地生态系统的稳定性和抵抗性产生影响，降低其对环境变化的适应能力。

外来植物的入侵也可能改变草地生态系统的物理和化学环境。这主要是因为植物与其生活的环境之间存在密切的相互作用。一方面，植物通过吸收土壤中的养分和水分，改变土壤的肥力和水分状况。另一方面，植物的生长和繁衍会影响土壤的结构和气候状况。例如，外来植物可能通过吸收土壤中的养分，导致土壤肥力的下降；外来植物可能通过改变土壤的结构，影响草地的水分循环。

外来植物的入侵可能会对草地生态系统的健康产生深远的影响。这种影响并不仅是物种组成和生物多样性的改变，还可能是对生态环境的深远改变。因此，应该给予外来植物入侵足够的重视，采取有效的管理和防控措施，保护草地生态系统的健康和稳定。

（二）外来动物入侵

对于草地生态系统而言，外来动物入侵带来的冲击同样不容小视。在许多情况下，这些外来动物能够对原生的食物链和食物网结构产生深远影响，破坏草地生态系统的平衡与稳定。

在食物链和食物网中，每个物种都有其特定的位置和角色。当新的动物种群，尤其是外来动物种群进入原有草地生态系统时，可能会破坏这种原有的平衡。外来捕食者是最典型的例子。强大的外来捕食者可能会猎杀大量的原生动物，导致原生动物种群的数量显著减少，甚至可能导致某些物种的灭绝。这种物种数量的剧烈变动会破坏食物链和食物网的结构，打破草地生态系统的稳定状态。另一个可能的情况是外来食草动物的入侵。外来食草动物可能会过度捕食草地上的植物，导致植物种群的数量下降，甚至可能改变草地的植被结构。植物是草地生态系统的基础，其数量和种类的变动会直接影响草地生态系统的稳定性和生物多样性。

无论是外来捕食者还是外来食草动物，它们的入侵都可能导致草地生态系统生物多样性的减少。生物多样性是保持生态系统稳定和抵抗环境变化的关键。生物多样性的减少可能会降低生态系统对环境变化的适应能力，影响生态系统的健康和稳定。因此，对于外来动物入侵的管理和防控是一个重大的任务。这需要从生态系统的角度进行考虑，采取综合的、系统的防控策略，以维护草地生态系统的稳定性和生物多样性。这种防控策略应该包括早期预警和快速响应、生物入侵的风险评估、有效的防控技术和方法的研发与推广，以及公众教育和参与等多个方面。

（三）外来微生物入侵

除了动植物外，外来微生物入侵也可能对草地生态系统产生影响。一些外来病原微生物可能导致原生动植物出现疾病，影响其生存和繁衍，进而影响草地生态系统的健康。此外，一些外来微生物可能改变土壤的营养循环，影响草地生态系统的物质循环和能量流动。

对外来生物入侵进行防控，须采取一系列措施，如加强对外来生物的监测，提高早期发现和防治的能力；制定和执行严格的生物入侵管理策略，限制有害外来生物的引入和扩散；进行生物入侵科研工作，研究外来生物的生态效应和防控策略，为外来生物入侵防控提供科学依据。

外来生物入侵对草地生态系统产生了深远影响，是一个重要的生态问题。防止和控制外来生物入侵，保护草地生态系统的稳定性和生物多样性，是未来的一项重要任务。

第五节　草地地质灾害

一、滑坡与泥石流

（一）滑坡

滑坡是一种地表松散物质在坡面上迅速运动的地质现象，通常由多种因素引起，包括地震、降雨、地质构造和土壤侵蚀等。在我国西部山区的草地地区，滑坡事件频发，主要原因是地质构造活跃、地震活动频繁、降雨强度大，以及草地植被覆盖不足等。

滑坡会对草地生态系统和环境造成严重的影响。首先，滑坡会导致大量土壤流失和被侵蚀，使草地的土壤质量受损，严重影响草地植被的生长和生态系统的稳定。土壤流失还会导致草地养分丢失，加剧草地退化的程度。其次，滑坡会破坏草地的水源保持功能，影响水文环境的稳定性。滑坡事件会使地表水和地下水的流动路径发生改变，破坏草地的水循环过程。此外，滑坡所带来的大量土壤和岩石物质会堵塞河流和溪流，导致水体堆积和水位上升，进一步加剧水土流失的程度。

针对滑坡地质灾害对草地的影响，需要采取一系列科学的防治措施。首先，加强滑坡监测和预警，通过地质勘查、遥感技术和地下水位监测等手段，及时监测滑坡的发生和演化过程，提前预警以采取应急措施。其次，加强草地植被保护与恢复工作，提高草地的植被覆盖率，增强草地的抗滑坡能力。最后，加强土壤保护与治理工作，采取措施减少土壤侵蚀和流失，保障草地的土壤质量。

（二）泥石流

泥石流是一种由于山体坡面松散物质迅速流动而形成的地质现象，通常由多种因素共同作用引起。在我国西部山区的草地地区，由于地形陡峭、降雨量大以及植被覆盖不足等，泥石流频繁发生。

泥石流对草地生态系统造成了严重的破坏。首先，泥石流具有强大的冲击力和破坏力，能够带走大量的土壤和植被。这导致了草地植被的丧失和土壤侵蚀，使草地生产力显著下降。其次，泥石流所带来的大量泥沙淤积在河流和溪流中，堵塞了水道，破坏了水文环境的稳定性，加剧了水土流失。最后，泥石流还会对草地的水源保持功能产生负面影响，导致水资源的短缺和不稳定。

为了减轻泥石流对我国西部山区草地的破坏，需要采取一系列有效的防治措施。首先，加强泥石流监测预警，利用遥感技术、地下水位监测和降雨监测等手段，实时监测和预警泥石流的发生和演化过程，为采取相应的防治措施提供科学依据。其次，开展草地植被保护与恢复工作，促进草地植被根系发育，增强草地的抗泥石流能力。最后，要加强对降雨和地形的监测，合理规划和管理草地的水资源，减少泥石流的发生风险。

二、地震

地震对草地生态系统的破坏主要表现在以下几个方面。首先，地震引发的地表破裂和滑坡会直接导致草地植被的破坏和土壤的侵蚀，使草地面积减少，植被覆盖度下降，土壤质量和养分含量减少。其次，地震还会引发地下水位变化和地下水涌出现象，导致草地的水源供应受到干扰，进而影响草地植被的生长和生态系统的水文循环。最后，地震还会导致土壤的物理性质和化学性质发生变化，如土壤密度增加、通气性降低，对草地根系的生长和水分吸收造成不利影响。

为了减轻地震灾害对草地生态系统的破坏，需要采取一系列科学的管理和恢复措施。首先，加强地震灾害的监测预警，及时发现和预警地震的发生，为采取紧急的救援和防护措施提供时间窗口。其次，加强草地植被的保护和恢复工作，通过植被的种植和维护，增加草地的覆盖度和多样性，提高草地的抗震能力和生态系统的稳定性。再次，加强土壤保护和治理工作，采取措施减少土壤侵蚀和流失，改善草地的土壤质量和水源保持能力。最后，加强地震后的生态恢复工作，通过草地的再造和恢复，促进草地生态系统的重建和恢复。

第六章　草原灾害防治措施

第一节　草原火灾防治措施

一、防火宣传与教育

防火宣传与教育，主要包括以下四个方面的内容，如图 6-1 所示。

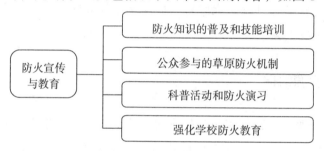

图 6-1　防火宣传与教育

（一）防火知识的普及和技能培训

防火知识的普及和技能培训是防止草原火灾的重要手段。通过组织各类培训活动，提高公众和草原管理人员的防火技能，可有效降低草原火灾发生的概率。例如，新疆维吾尔自治区林业和草原局通过持续的防火知识培训，草原管理人员对火源的管理能力得到了提升，有效防止了多起草原火灾的发生。

（二）公众参与的草原防火机制

公众参与的草原防火机制可以提高草原火灾防控的效率。例如，贵州省成功建立了一套公众参与的草原防火机制，草原使用者、社区成员和志愿者都可以参与到草原的日常管理和防火活动中，大大提高了防火的效率。

（三）科普活动和防火演习

通过定期的科普活动和防火演习，可以提高公众的防火意识，让公众更加了解防火的重要性，降低草原火灾的发生概率。例如，河北省林业和草原局通过定期组织科普活动和防火演习，使草原火灾发生次数持续下降。

（四）强化学校防火教育

将防火教育融入学校的教育课程中，是提高下一代防火意识的重要方法。通过在学校开展防火教育，促进学生提高防火意识，有助于降低草原火灾的发生频率。

二、火源管理

火源管理是草原火灾防治的重要手段。在火灾高发期，定期进行巡查，严格控制火源，这在有效防止草原火灾的发生上具有重要的作用。例如，内蒙古自治区每年在火灾高发期，都会进行严格的火源管理，有效地降低了草原火灾的发生率。

（一）草原火灾预警系统

草原火灾预警系统是预防和及时处理草原火灾的有效工具。例如，中国气象局已经建立了一套覆盖全国的草原火灾预警系统，该系统可以实时监测草原火灾风险，为防火工作提供决策依据，这一预警系统能够成功预警并防止草原火灾。

（二）草原火灾防治法规

草原火灾防治法规的制定和执行是保护草原、防止火灾的重要手段。例如，《中华人民共和国草原法》第五十三条规定，草原防火工作贯彻预防为主、防消结合的方针。各级人民政府应当建立草原防火责任制，规定草原防火期，制定草原防火扑火预案，切实做好草原火灾的预防和扑救工作。

三、提升灭火能力

提升灭火的能力，可以从以下五个方面进行，如图 6-2 所示。

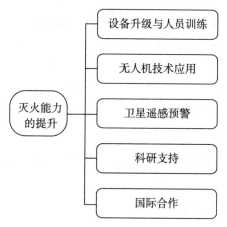

图 6-2　灭火能力的提升

（一）设备升级与人员训练

在提升草原灭火能力的过程中，先要提升草原灭火队伍的装备水平和战斗力。经过持续投入，如今我国草原灭火队伍的装备已大幅升级，灭火效率显著提高，草原火灾的平均扑灭时间不断缩短。此外，定期的人员训练，不仅提高了队伍的专业技能，还增强了队伍的应急响应能力。

（二）无人机技术应用

无人机在火灾防控中发挥着重要的作用，它能快速定位火源，为灭火提供准确的数据支持。无人机在草原火灾中的应用，已经成功帮助灭火队伍提升了灭火效率。

（三）卫星遥感预警

卫星遥感预警系统也是防治草原火灾的有效工具。通过卫星遥感技术，可以实时监测草原的火险情况，及时预警草原火灾，我国已在全国范围内建立了草原火灾预警系统。

（四）科研支持

科研在草原火灾防治中也起着关键的作用。我国已建立起一支包括火灾预测模型、火险等级评估等领域的科研团队，通过科研支持，提高草原火灾防治的精确度和效率。

（五）国际合作

国际合作在草原火灾防治中也发挥了重要作用。我国与其他国家，如澳大利亚、加拿大等，在草原火灾防治技术和经验上进行了深度交流和相互学习，这对提升我国草原灭火能力有着积极影响。

四、生态修复与恢复

生态修复与恢复，可以从以下五个方面进行，如图 6-3 所示。

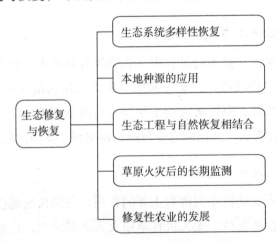

图 6-3　生态修复与恢复

（一）生态系统多样性恢复

生态系统的多样性恢复有助于提升草原生态系统的抗扰动能力。例如，青海省发生草原火灾后，选择多种植被覆盖方式，提升了生态系统的稳定性，减缓了火灾对草原生态系统的长期影响。

（二）本地种源的应用

选择适合本地气候、土壤条件的植被种源进行修复，更有利于草原生态系统的恢复。例如，2019年青海省的草原火灾后，选择了刺槐等本地植物进行混播修复，短期内草原生态系统便恢复了活力。

（三）生态工程与自然恢复相结合

生态工程与自然恢复相结合可以提升草原修复效果。科学的生态修复技术，如植被覆盖，结合自然恢复的力量，能加速草原的恢复过程，也有利于维护长期生态平衡。

（四）草原火灾后的长期监测

对草原火灾后的生态系统进行长期监测，有助于评估和指导草原生态系统的修复。数据监测可以为草原火灾后的生态恢复提供科学依据，也有利于了解生态修复技术的效果。

（五）修复性农业的发展

发展修复性农业，利用合理的农业管理措施促进草原生态系统的恢复，如种植覆盖作物、农田边界设置保护带等措施，都有助于草原生态系统的恢复。

第二节　草地生物灾害防治措施

草地生物灾害防治措施，主要包括以下四个方面，如图6-4所示。

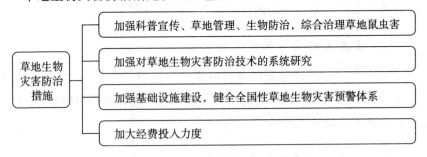

图6-4　草地生物灾害防治措施

一、加强科普宣传、草地管理、生物防治，综合治理草地鼠虫害

加强科普宣传、草地管理、生物防治以及综合治理草地鼠虫害是我国草地保护和确保生态系统稳定的重要策略。这种策略的实施需要考虑多个因素，包括草地的合理利用、放牧的程度、气候变化等。通过解决这些问题，可以从根本上减少鼠虫，从而维护草地的生态平衡，防止草场的退化。

（一）加强科普宣传

科普宣传是非常关键的一环，它有助于提高公众对草地保护的认识，以及对过度放牧、不合理草地利用以及鼠害虫害等问题的理解。这种宣传可以通过各种形式进行，如电视、网络、报纸、讲座等，以便将相关信息传递给广大的公众，尤其是草地利用的主要参与者——牧民。通过科普宣传，可以加强他们对草地保护重要性的认知，并引导他们采取更科学的草地利用方式。

（二）加强草地管理

草地管理的加强也是至关重要的。这需要在科学研究的基础上，制定出更加合理的草地利用方案和标准。同时，也需要对草地的使用情况进行监测，以便及时发现问题，并采取相应的措施。加强草地管理，也意味着要避免过度放牧，这是草场退化的主要原因之一。通过限制放牧量，可以有效保护草地，防止草场退化，维持草地的生态平衡。

（三）生物防治

生物防治是防治鼠害虫害的重要手段，它是指利用鼠虫的天敌，如鸟类、蛙类、蜈蚣、蜥蜴等进行防治。通过这种方式，可以在一定程度上降低鼠虫的数量，从而减少它们对草地的破坏。同时，生物防治也比化学防治更环保，更利于草地的长期发展。

我国北方草原属于典型的内陆干旱、半干旱区，其生态环境脆弱，生态系统的食物链和营养结构相对简单，稳定性不强。一旦受到外界过度影响，这种脆弱的生态系统就会受到破坏。因此，在面对鼠虫等生态威胁时，应尽可能避免使用可能带来环境污染和生态破坏的化学方法，而要着重引用生物防治的手段和配套的防治技术。

生物防治不仅具有环保性，还能在较大程度上保障草原生态系统的稳定性，这主要体现在对草原生态系统中自然天敌的保护方面。自然天敌，顾名思义，是那些能够自然控制病虫害数量的生物，它们在食物链中占据了重要的位置。保护和利用好这些自然天敌，不仅能够有效地控制鼠虫的数量，还能够避免对草原生态环境的过度破坏。

目前有许多已经相当成熟的人工项目，如利用牧鸭、牧鸡治蝗，招鹰灭鼠等。这些方法都是基于自然天敌的原理，通过人为的方式增加自然天敌的数量，提高其活动能力，以达到防治鼠虫的目的。这些方法的效果已经被多次验证，可以说非常实用和高效。

对于蝗虫的自然天敌，可以利用的有通缘步甲、丽斑麻蜥、蛇蛉、食虫虻等。这些生物在生态系统中对蝗虫的数量具有自然的控制作用，它们是防止蝗虫过度繁殖的重要力量。通过科学的方法，可以进一步利用这些自然天敌，达到更好的防治效果。

对于鼠类的自然天敌，可以利用的有狐狸、猛禽、蛇等。它们在草原生态系统中也起到了重要的平衡作用。当然，利用这些自然天敌来防治鼠害，同样需要科学的方法和管理策略。

微生物防治是当代草地鼠虫防治中的一种重要技术手段，它具有低毒、低残留、环保和可持续的特点，对于维护我国北方脆弱的草原生态系统具有重要的作用。微生物防治主要是通过引入或利用微生物，如微孢子虫、蝗虫痘病毒和绿僵菌等，以及利用某些微生物产生的毒素，如C型肉毒素，来对鼠虫进行防治。

微孢子虫是一种常见的寄生虫，它可以防治许多种类的昆虫。在防治蝗虫方面，引进微孢子虫的技术已经得到了广泛的应用和推广，取得了明显的效果。这样不仅能够有效地控制蝗虫的数量，还能够避免对环境造成破坏。

蝗虫痘病毒也是一种有效的生物防治手段，尽管这方面的研究还处在早期阶段，但是已经取得了一定的进展。一旦这项技术得到完善和推广，将会成为防治蝗虫的又一有力武器。

绿僵菌是一种广泛分布的、对多种昆虫具有高度致病性的真菌。它可以在感染的昆虫体内迅速繁殖，导致昆虫体内组织液化，最终昆虫死亡。利用绿僵菌进行蝗虫防治的技术示范试验已经取得了良好的效果，显示出这一技术的巨大潜力。

利用C型肉毒素防鼠的试验效果也非常显著。肉毒素是由肉毒杆菌产生的一种强烈神经毒素，对哺乳动物和人类等均有强烈的毒性。而C型肉毒素则对鼠类有强烈的毒性，可以有效地防治鼠害。

还有一种有效防治方法是利用蝗虫拒食的某些植物，如小叶锦鸡儿、沙打旺、羊柴等，建立人工草地，这样不仅能够保护害虫的自然天敌，还能够控制蝗虫的种群密度。这些植物通常是防沙治沙的先锋植物，能够在恶劣的环境中生长，对于保护草地和防治鼠虫具有重要的作用。

这些微生物防治技术和利用特定植物的防治策略，都为我国北方草原的鼠虫防治提供了新的思路和有效的方法，也显示出我国在这一领域的研究已经取得了重要的进展。在今后的防治工作中，需要继续深入研究这些技术和方法，以实现草原生态系统的可持续管理和保护。

（四）综合治理草地鼠虫害

综合治理草地鼠虫害需要长期坚持。除了上述方法，还需要依靠科研力量，开发新型高效、低毒、低残留的防治药品。这些药品包括卡死克、锐劲特、高效氯氰菊酯、克虫威、虫毕净、快杀灵、辛氰乳油等。这些新型药剂在田间试验中已经显示出很好的防治效果，预计在未来的实际使用中也能取得良好的效果。

在未来，相关从业者需要继续加强科普宣传，增强草地管理力度，加强生物防治，综合治理草地鼠虫害。只有通过这样的努力，才能真正实现草地的可持续利用，保护我国的草地资源，维护生态系统的稳定。同时，希望新型药剂能在防治鼠虫害方面发挥更大的作用，为相关工作提供更有力的支持。

二、加强对草地生物灾害防治技术的系统研究

草地生物灾害防治是一项长期且复杂的任务，它涉及生态系统管理、环境保护、生物防治技术、毒饵筛选及应用、生态调控技术等多个方面。因此，系统地研究草地生物灾害防治技术，具有重要的理论意义和实践价值。

加强对草地生物灾害防治技术的系统研究，能够从根本上理解草地生物灾害的发生机理，为制定有效的防治策略提供科学依据。包括研究自然天敌及各类措施对天敌的影响，以充分利用和保护草地生物系统的

自然天敌，从而降低鼠虫害的发生概率；研究病原微生物的进一步筛选及应用，以寻找和利用能够有效防治鼠虫害的病原微生物；研究毒饵的筛选及应用，以提供有效、低毒性、低环境影响的鼠虫防治手段。

系统地研究草地生物灾害防治技术，也有助于推动相关技术和设备的更新和升级，如植物保护机械的性能改进与更新换代，这对于提高草地生物灾害防治的效率和效果至关重要。

系统地研究草地生物灾害防治技术，有助于构建和完善灾情测报网络，以及制定科学合理的经济阈值和损失估计（防治指标）。灾情测报网络有助于及时了解草地生物灾害的发生情况和动态，从而制定及时有效地防治措施；经济阈值和损失估计（防治指标）提供了衡量防治效果的客观标准，有利于科学地评价和改进防治措施。

为了将这些研究成果转化为实际的生产力，实现生物灾害的可持续治理，还需要依赖各地科技推广部门的努力。这些部门是科研成果向生产实践转化的桥梁，是实现生物灾害可持续治理的关键。

建议加大对草地生物灾害防治技术系统研究的投入，鼓励各高等院所、科研院所利用自身的人才和技术优势，积极参与到这项工作中来。同时，也期待各地科技推广部门能够积极发挥自身的中坚骨干作用，将科研成果转化为实际的生产力，为我国草地生物灾害的可持续治理做出更大的贡献。

三、加强基础设施建设，健全全国性草地生物灾害预警体系

草地生物灾害预警体系的建立和完善是预防与控制草地生物灾害的基础。这个系统不仅能够对灾害进行有效的预测与预报，还可以使防治工作变得经济、高效、有力、科学、主动。因此，加快基础设施建设步伐，尽快建立并完善全国性的草地生物灾害预警体系，是草地生物灾害防治工作的重要环节。

草地生物灾害预警体系的建立需要基于强大的基础设施，包括各基层草原站（测报站）的硬件设备和网络技术。这些基础设施为收集、分

析和传播灾情信息提供了必要的支持。因此，应加大对基层草原站（测报站）基础设施建设的投入，包括提升硬件设备的性能，扩大网络覆盖范围，提高网络传输速度等，以满足灾情测报工作的需求。

除了基础设施的建设，还需要通过培训提高测报人员的技术水平和责任感。测报人员是草地生物灾害预警体系的重要组成部分，他们直接参与灾情的收集、分析和预报工作，对灾害防治的成功与否起着关键作用。因此，定期对测报人员进行专业技术和职业道德培训，是保证预警体系运行效率和准确性的重要措施。

灾情测报网络系统是草地生物灾害预警体系的核心。该系统负责收集和传播灾情信息，同时连接各基层草原站（测报站）和决策部门，以实现信息的快速传递和共享。此外，专家系统也是预警体系的重要组成部分，它集成了各领域专家的知识和经验，能够根据收集的灾情信息进行准确的预测和预报。

在全国性的草地生物灾害预警体系的支持下，能够根据关键因子的变化，迅速作出灾情发生时间、发生程度、发生地域的预测预报，并通过网络快速传达到决策部门和其他各有关部门，确保测报工作的及时准确性。

加快基础设施建设步伐，尽快建立并完善全国性的草地生物灾害预警体系，是提高草地生物灾害防治效果的关键。这需要国家的大力支持和各相关部门的共同努力。

四、加大经费投入力度

我国北方草原作为重要的生态屏障，其健康状况直接关系到全国乃至全球的生态安全。然而，由于各种原因，这个生态屏障目前沙化严重，正在逐步变成全国的风沙源区。其中，内蒙古草原和锡林郭勒草原作为华北地区最直接的生态屏障，其退化情况更为严重。

要解决这个问题，关键是要加大经费投入力度。加强基础设施建设、开发高新防治技术等，这些都离不开充足的经费支持。鉴于草原鼠虫重发区大都属于经济欠发达地区，应该加大这方面的经费支持力度。

　　加大经费投入力度，尤其是加大对草原蝗虫防治的投入，是实现草地生物灾害防治目标的关键。通过提供充足的经费支持，可以加强基础设施建设，提高草地生物灾害预警体系的准确性和及时性；可以开发和应用高新防治技术，提高草地生物灾害防治的效率和效果；可以及时有效地进行防治，从而阻止草地生物灾害的发生和扩大。只有经费充足，才能更好地保护我国北方草原这一重要的生态屏障，阻止其进一步沙化，保护全国乃至全球的生态安全。

第三节　草原气象灾害防治措施

　　草原气象灾害防治措施，可以从以下五个方面进行，如图6-5所示。

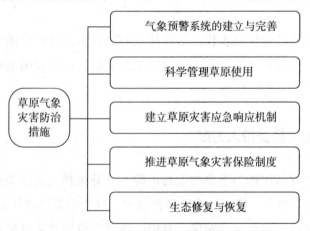

图 6-5　草原气象灾害防治措施

一、气象预警系统的建立与完善

草原气象灾害的预防与控制离不开准确及时的气象预警。我国气象局在全国范围内建立了草原气象灾害预警系统，依托卫星遥感技术、地面气象观测站点等，能够实时监测草原的气象情况，及时预警草原气象灾害，为草原气象灾害的防治赢得宝贵的时间。

气象预警系统的建立与完善对于草原气象灾害的预防和控制具有重要意义。以下将从监测技术、数据分析、预警机制和系统完善四个方面对气象预警系统的建立与完善进行详细论述。

（一）监测技术

气象预警系统的建立依托先进的监测技术。卫星遥感技术和地面气象观测站点等可以提供草原的气象数据，包括降水量、温度、湿度、风速等重要参数，为预警提供依据。

（二）数据分析

气象预警系统需要对监测数据进行及时和准确的分析。通过利用大数据分析、模型预报和气象统计等技术手段，对草原气象数据进行整合和分析，揭示草原气象灾害发生的规律和趋势。这样可以及时发现异常气象情况，并预测可能出现的草原气象灾害。

（三）预警机制

气象预警系统需要建立科学有效的预警机制。根据气象数据的分析结果和气象灾害的特点，确定相应的预警标准和预警等级，以确保预警信息的准确性和有效性。预警机制应考虑草原特有的气象灾害类型，如干旱、风沙、暴雨等，针对不同的灾害类型制定相应的预警方案。

（四）系统完善

气象预警系统需要不断进行完善和优化。一是通过技术升级和设备更新，提升预警系统的监测能力和数据处理能力；二是加强预警系统与其他相关部门和机构的联动和信息共享，实现多部门协同工作，提高预警系统的响应速度和预警准确性；三是对预警系统的运行情况进行监测和评估，及时调整和改进预警策略，以确保预警系统的稳定性和可靠性。

气象预警系统的建立与完善涉及监测技术、数据分析、预警机制和系统完善等方面的工作。这种系统能够实时监测草原的气象情况，通过准确的数据分析和科学的预警机制，提前预警草原气象灾害的发生，为草原气象灾害的防治提供宝贵的时间窗口和决策依据。

二、科学管理草原使用

科学的草原使用管理是防治草原气象灾害的重要措施。例如，进行适度放牧，保持草原植被的良好状态，可以减少草原风蚀、沙尘暴等气象灾害的发生。农业农村部已制定了一系列的草原使用管理规定，以确保草原资源的合理利用。

科学的草原使用管理对于防治草原气象灾害具有重要意义。以下将从放牧管理、植被保护、政策法规和资源合理利用四个方面对科学管理草原使用进行详细论述。

（一）放牧管理

适度的放牧管理是科学管理草原使用的关键措施之一。通过合理控制放牧强度和放牧时间，可以减少对草原植被的破坏，维持草原植被的良好状态。合理的放牧管理能够保持草原地表的覆盖度，减少土壤侵蚀和风蚀，降低沙尘暴和风沙灾害的风险。

（二）植被保护

保护草原植被是科学管理草原使用的重要任务。草原植被具有保护土壤、调节水文、固碳降温等生态功能，对防治草原气象灾害具有重要作用。科学的草原使用管理应重视植被保护，通过合理的植被恢复和保护措施，提高草原植被的覆盖度和多样性，增强草原的抵御力和恢复能力。

（三）政策法规

制定科学的政策法规是科学管理草原使用的基础。相关管理部门应完善草原使用管理的相关政策和法规，明确草原资源的保护和合理利用原则和措施。这些政策法规应兼顾保护和可持续利用的要求，推动草原使用管理向生态环境友好型和可持续发展方向转变。

（四）资源合理利用

科学管理草原使用还需要确保资源的合理利用。通过合理规划草原利用方式和布局，平衡草畜关系，提高草原的综合生产力和经济效益。科学的草原资源管理应注重提高资源利用效率、降低资源浪费，推动草原农牧业的可持续发展。

科学管理草原使用涉及放牧管理、植被保护、政策法规和资源合理利用等方面的工作。通过合理控制放牧、保护植被、制定科学的政策法规和实现资源的合理利用，可以减少草原气象灾害的发生，保护草原生态系统的稳定和健康。

三、建立草原灾害应急响应机制

草原气象灾害应急响应机制是防治草原气象灾害的重要措施。灾害发生时，利用应急响应机制能够迅速调动资源，有效降低灾害造成的损失。我国已在全国范围内建立了草原气象灾害应急响应机制，并不断对其进行完善和优化，提高了应对草原气象灾害的能力。

建立草原灾害应急响应机制是应对草原气象灾害的重要举措。以下将从预警机制、资源调配、应急预案和信息发布四个方面对草原灾害应急响应机制进行详细论述。

（一）预警机制

通过建立与气象监测系统相结合的灾害预警机制，能够实时监测和预测草原气象灾害的发生和发展趋势，及时发布预警信息。对于预警机制，应考虑草原气象灾害的特点和区域差异，制定相应的预警标准和预警级别，以便在灾害来临前及时发出警报，提醒相关部门和人员做好应急准备。

（二）资源调配

草原灾害应急响应机制需要合理调配相关资源，以迅速响应灾害，具体包括人力、物资、设备等方面的资源。应建立资源调配的机制和渠道，确保在灾害发生时能够快速调动所需资源，以便进行救援、抢险和恢复工作。相关部门应做好资源储备和备案登记工作，确保资源的充足性和有效性。

（三）应急预案

建立草原灾害应急响应机制需要制定科学的应急预案。针对不同类型的草原气象灾害，应制订不同的行动方案和工作流程。预案内容应明确各级责任部门和人员的职责分工，确定应急行动的流程和时间节点，确保应急工作有序进行。应急预案还应与相关部门的预案进行衔接和协同，实现资源共享和信息互通。

（四）信息发布

要建立有效的信息发布渠道和机制，将灾情信息迅速传达给相关部门和群众。信息发布应准确、清晰，包括灾情的实时报告、灾害影响的评估和预警提示等内容。信息发布渠道应多样化，包括传统媒体、互联网、社交媒体等，以确保信息的广泛传播和及时响应。

要建立草原灾害应急响应机制，就需要建立预警机制、合理调配资源、制订应急预案、及时发布信息等。这样能够在草原气象灾害发生时，及时响应、快速行动，减少灾害造成的损失，并保障人员安全和恢复工作的顺利进行。

四、推进草原气象灾害保险制度

草原气象灾害保险制度是防治草原气象灾害的重要工具。中国银行保险监督管理委员会已经开始推动草原气象灾害保险的发展，以经济手段来调控草原气象灾害的风险，有力保障了草原生态安全和草原牧民的生产生活。

推进草原气象灾害保险制度是防治草原气象灾害的重要措施。以下将从保险制度建设、风险评估、资金筹措和保险服务四个方面对推进草原气象灾害保险制度进行详细论述。

（一）保险制度建设

要建立健全草原气象灾害保险制度，具体包括制定相关法规、政策和规范，明确保险机构的责任和义务，并确立草原气象灾害保险的基本原则和运作机制。同时，需要建立保险机构和草原监管部门的合作机制，共同推动草原气象灾害保险的实施与发展。

（二）风险评估

草原气象灾害保险制度的推进离不开风险评估工作。通过对草原气象灾害的频率、强度和影响范围进行科学评估，确定保险产品的风险等级和保费定价。风险评估，即基于历史数据、气象模型和遥感技术等手段，对草原气象灾害的发生和发展进行预测和预警，为保险机构提供科学依据和风险管理工具。

（三）资金筹措

推进草原气象灾害保险制度需要筹措足够的资金，具体包括建立保险基金、设立专项资金和引入多元化的资金来源等。同时，需要探索保险机构与金融机构的合作，进行保险产品的创新和资本市场的融资，确保草原气象灾害保险制度的可持续运行。

（四）保险服务

草原气象灾害保险制度的推进需有全面的保险服务加以支撑。保险机构应根据草原气象灾害的特点和需求，设计出相应的保险产品和服务，包括保险的承保范围、保费支付方式、理赔流程等。同时，需要加强保险的宣传和教育工作，提高草原牧民对保险的认知度和参与度，促进保险制度的普及和有效性。

推进草原气象灾害保险制度涉及保险制度建设、风险评估、资金筹措和保险服务等方面的工作。通过建立健全的保险制度、科学评估风险、筹措足够的资金支持和提供全面的保险服务，可以有效调控草原气象灾害的风险，保障草原生态安全和牧民的生产生活。

五、生态修复与恢复

对气象灾害发生后的草原进行生态修复与恢复是保护草原生态系统的重要措施。科学的生态修复技术，如植被覆盖，可以加速草原的恢复，减少草原气象灾害的长期影响。例如，新疆在经历严重风蚀后，采用了植被覆盖等生态修复技术，使草原在短时间内快速恢复，草原植被覆盖率提高了15%。

生态修复与恢复是对草原气象灾害后的草原进行保护和恢复的重要手段。以下将从植被恢复、土壤改良、水资源管理和监测评估四个方面对生态修复与恢复进行详细论述。

（一）植被恢复

植被恢复是草原生态修复与恢复的核心措施之一。通过选用适应当地环境和气候条件的植物物种，进行大面积的植被覆盖和植物种植，有助于修复受灾草原的植被覆盖和植物多样性。此外，采取合理的种植密度和管理措施，加强对植物的养护和管理，可促进植物生长和根系发育，加速草原植被的恢复和生态系统的稳定。

（二）土壤改良

草原气象灾害对土壤造成了破坏和侵蚀，因此，土壤改良是生态修复与恢复的重要环节。通过施加有机肥料、植物覆盖和保水措施等，可改善土壤结构和质量，提高土壤保水能力和持水能力，减少土壤侵蚀和风蚀的风险。此外，对于土壤贫瘠的草原地区，可以采取合理的土壤改良措施，如施肥、翻耕、石灰调酸等，提高土壤肥力和适宜度，为植被恢复和生态系统的恢复提供有利条件。

（三）水资源管理

水资源管理是草原生态修复与恢复的关键要素之一。草原气象灾害常常导致水资源的短缺和污染，影响草原的生态系统和生物多样性。因此，合理的水资源管理对于草原生态系统的恢复至关重要。通过建设水库、引水和灌溉设施，可加强水资源的调配和利用，保障草原植被的水分需求和生态系统的水平衡。此外，要加强对水资源的保护和监测，确保水质的安全和水量的可持续利用。

（四）监测评估

监测评估是生态修复与恢复的重要环节。通过建立科学的监测体系，对草原生态系统进行定期监测和评估。监测内容包括植被覆盖率、土壤质量、水资源状况和生物多样性等指标。监测结果可用于评估生态修复的效果，指导后续的管理和调整，为生态系统的健康恢复提供科学依据。

生态修复与恢复涉及植被恢复、土壤改良、水资源管理和监测评估等方面的工作。通过这些措施，可以加速草原生态系统的恢复和稳定，减少草原气象灾害的长期影响，实现草原生态系统的可持续发展。

第四节　陆生野生动物疫病与外来生物入侵的防治措施

　　陆生野生动物疫病与外来生物入侵的防治措施，可以从五个方面展开，如图6-6所示。

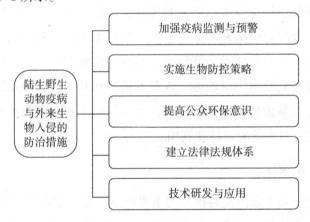

图6-6　陆生野生动物疫病与外来生物入侵的防治措施

一、加强疫病监测与预警

　　加强陆生野生动物疫病的监测与预警是防止疫病扩散的重要手段。国家林业和草原局已建立了一套完备的野生动物疫病监测体系，定期对重点保护动物进行疫病检测，并结合气象、生态等数据，进行疫病风险预警。这样不仅有助于及时发现并控制疫病，还可为野生动物疫病防控提供科学依据。

　　加强疫病监测与预警对于防止陆生野生动物疫病扩散具有重要意义。

以下将从监测体系建立、疫病检测、数据综合分析和科学依据提供四个方面进行详细论述。

（一）监测体系建立

加强疫病监测与预警的基础是建立健全的监测体系。国家林业和草原局已建立了涵盖不同地区、不同保护动物群体的野生动物疫病监测体系。该监测体系通过建立监测点、采集样本进行野生动物疫病调查和监测，实现对重点保护动物的监测覆盖。这种监测体系的建立为及时发现疫病提供了基础数据和技术支持。

（二）疫病检测

疫病监测与预警的核心是进行疫病检测。通过采集野生动物样本，包括血液、组织等，进行病原体检测和抗体检测，可以及早发现野生动物中的疫病感染情况。这些疫病检测工作利用现代生物学和分子生物学技术，结合疫病病原体的特征和检测方法，实现对疫病的准确诊断和追踪监测。

（三）数据综合分析

加强疫病监测与预警需要对数据进行综合分析。除了野生动物疫病监测数据，还需要结合气象等相关生态数据，进行多源数据的整合和分析。通过数据的综合分析，可以发现疫病与环境因素之间的关联，揭示疫病的传播规律和风险趋势。数据综合分析可为预测疫病暴发和制定相应的防控措施提供科学依据。

（四）科学依据提供

疫病监测与预警的最终目的是为野生动物疫病的防控提供科学依据。通过建立健全的监测体系、进行疫病检测和数据分析，可以获得疫病暴发的趋势和规律。这些科学依据为制定野生动物疫病防控策略和措施提供了重要参考。基于科学依据，相关部门和机构能够制订有针对性的疫病防控计划，并及时采取相应的措施，控制和预防疫病的扩散。

二、实施生物防控策略

对于外来生物入侵，生物防控策略是一种有效的方法。通过引入外来生物的天敌或竞争者，可以在一定程度上抑制外来生物的数量，减轻其对本地生态系统的影响。农业农村部已在某些重点地区引入了外来生物的天敌或竞争者，成功抑制了外来生物的入侵。

实施生物防控策略对于外来生物入侵具有重要意义。以下将从天敌引入、竞争者引入、生态平衡调控和成功案例四个方面进行详细论述。

（一）天敌引入

生物防控策略的一种常见方法是引入外来生物的天敌。通过识别并筛选适宜的天敌物种，如寄生虫、捕食性昆虫等，可以有效控制外来生物的数量。天敌引入可以降低外来生物的繁殖能力和生存率，从而减轻其对本地生态系统的影响。需要深入研究外来生物的生物学特性和生态适应性，以确保引入的天敌与目标外来生物之间能够建立稳定的互作关系。

（二）竞争者引入

除了天敌引入，竞争者引入也是一种生物防控策略。通过引入与外来生物竞争资源的本地物种，可以降低外来生物的资源获取能力，限制其生存和繁殖。这种竞争者引入的策略就是基于竞争排斥的原理，引入适应力强、竞争力高的本地物种，改变生态系统中的物种组成和相互作用，从而减缓外来生物的入侵速度和影响程度。

（三）生态平衡调控

生物防控策略的核心是通过调控生态平衡来实现对外来生物的防控。这包括调整生态系统的结构和功能，增加生态系统的稳定性和抵抗力，以减轻外来生物入侵带来的影响。生态平衡调控需要综合考虑生态系统中各个物种的相互作用、适应性和生态位，以及对环境因素的影响，通过合理的管理措施和干预手段，使生态系统能够自我调节和恢复，抑制外来生物的入侵。

（四）成功案例

生物防控策略的成功案例为该策略的有效性提供了实证。这些成功案例证明了生物防控策略在外来生物入侵防治中的重要作用。通过充分了解外来生物的生物学特性、生态习性和入侵机制，选择合适的生物防控方法，并密切监测和评估防控效果，可以实现对外来生物入侵的有效管理和控制。

三、提高公众环保意识

通过环保教育，可以提高公众环保意识，尤其是对野生动物疫病与外来生物入侵的认识，引导公众正确对待并参与野生动物保护和外来生物防控，减少人为因素对生态环境的破坏。

提高公众环保意识对于野生动物疫病和外来生物入侵的防治至关重要。以下将从环保教育、公众参与、生态环境保护和可持续发展四个方面进行详细论述。

（一）环保教育

环保教育是提高公众环保意识的重要途径之一。通过开展环境教育活动、推广环保知识和法规等，可以增强公众对野生动物疫病和外来生物入侵的认识和理解，以及对生物多样性保护重要性的认识，促进公众了解生态系统的脆弱性和环境破坏的后果，并提高其参与保护工作的意识和能力。

（二）公众参与

公众参与是提高其环保意识的关键环节。通过激发公众的兴趣和参与热情，可使其积极参与野生动物疫病和外来生物入侵防治工作。公众可以通过参加志愿者活动、参与野生动物保护组织或社区的环保项目等，实际参与到野生动物保护和外来生物防控中。这种公众参与能够增强个体的责任感和环保意识，使他们形成合力，共同推动野生动物保护和外来生物入侵的防治。

（三）生态环境保护

提高公众环保意识还需要强调生态环境保护的重要性。公众应该认识到生态系统的复杂性和脆弱性，了解人类活动对生态环境的影响。公众应该意识到自己的行为对生态环境的影响，并积极采取环保措施，减少人为因素对生态系统的破坏，保护生物多样性和生态平衡。

（四）可持续发展

提高公众环保意识需要将其与可持续发展的理念结合起来。公众应该认识到环境保护与经济发展、社会进步的密切关系，并在个人和社会层面上追求可持续发展。公众需要认识到保护生态系统的重要性和生物多样性的价值，从而在日常生活中选择环保产品、推行低碳生活方式、支持绿色发展等，为可持续发展做出贡献。

通过环保教育、公众参与、生态环境保护和可持续发展等方面的努力，可以提高公众对野生动物疫病和外来生物入侵的认识和防控意识。这种意识的提升有助于减少人为因素对生态环境的破坏，促进生态系统可持续发展。

四、建立法律法规体系

对于野生动物疫病和外来生物入侵，法律法规的建立和执行至关重要。我国已有一系列关于野生动物保护和外来生物防控的法规和标准，如《中华人民共和国野生动物保护法》等。这些法律法规规定了野生动物疫病防治和外来生物防控的相关行为，对疫病防控和外来生物防控工作起到了法制约束作用。

建立法律法规体系是野生动物疫病和外来生物入侵防治的重要保障

措施。以下将从法律法规制定、法律约束、行为规范和防控工作指导四个方面进行详细论述。

（一）法律法规的制定

针对野生动物疫病和外来生物入侵问题，应制定相关的法律法规和政策。通过立法程序，明确规定相关行为的合法性和违法性，为野生动物疫病防治和外来生物防控提供法律依据。这些法律法规应综合考虑科学研究成果、实践经验和国际公约等，确保法规的科学性和可操作性。

（二）法律约束

法律法规的制定与执行能够对野生动物疫病防治和外来生物防控工作产生法律约束力。相关法律法规对从事野生动物贸易、引种、外来物种管控等行为进行规范和约束，明确违法行为的法律责任和处罚措施。这种法律约束有助于规范相关行为，减少非法活动和非法物种的传入，保护生态环境和生物多样性。

（三）行为规范

法律法规的制定能够推动野生动物疫病防治和外来生物防控工作的行为规范化。法律法规明确了防控工作的原则、流程、技术要求和标准，促使相关从业人员和机构按照规范化的操作方式进行工作。这种行为规范化有助于提高工作效率、减少操作风险，确保防控工作的科学性和可持续性。

（四）防控工作指导

法律法规的制定与执行还为野生动物疫病防治和外来生物防控工作提供了指导。法律法规明确了防控工作的目标、原则、政策措施和技术指南，为相关机构和从业人员提供操作指南和决策依据。这种指导作用有助于统一工作标准、加强协作配合，提高防控工作的效果和水平。

建立法律法规体系涉及法律法规的制定、法律约束、行为规范和防控工作指导等方面。这种体系能够明确防控工作的法律依据、规范行为等，并对相关行为进行约束和监督，从而确保野生动物疫病防治和外来生物防控工作的有效实施。

五、技术研发与应用

技术的研发与应用在防治野生动物疫病和外来生物入侵中发挥着重要作用。通过疫苗研发、遗传工程等科技手段，可以更有效地防止疫病的扩散和外来生物的入侵。中国科学院等研究机构已在这些领域取得了一系列突破，为野生动物疫病防治和外来生物防控提供了技术支持。

技术的研发与应用在防治野生动物疫病和外来生物入侵中起着关键作用。以下将从疫苗研发、遗传工程、检测技术和防控手段四个方面进行详细论述。

（一）疫苗研发

疫苗的研发是预防野生动物疫病传播的重要手段。通过对疫病病原体的研究和分析，可以开发出针对特定疫病的疫苗，如狂犬病疫苗、禽流感疫苗等。疫苗的研发不仅可以提高野生动物的免疫力，减少疫病传播的风险，还能为疫苗接种提供技术支持和科学依据。

（二）遗传工程

遗传工程技术在防治野生动物疫病和外来生物入侵中具有潜在应用价值。通过基因编辑、基因组学等技术手段，可以改良野生动物的遗传基因，提高其抗病能力或对外来生物的抵抗力。例如，通过引入抗病基因或调控相关基因的表达，可以提高野生动物对某些疫病或外来生物的抵抗能力，从而降低其受到的影响。

（三）检测技术

检测技术在野生动物疫病和外来生物入侵的防控中具有重要作用。利用现代生物学和分子生物学技术，可以开发出快速、敏感的检测方法，用于检测疫病病原体或外来生物的存在和传播情况。这种检测技术能够及时发现疫病暴发和外来生物入侵的风险，提供数据支持和科学依据，为防控措施的制定和实施提供决策参考。

（四）防控手段

技术研发与应用为野生动物疫病和外来生物入侵的防控提供了多样化的手段。除了疫苗研发和遗传工程技术，还包括生物防治、生物安全管理、化学防控等多种手段。生物防治手段通过引入天敌或竞争者来控制外来生物的数量，化学防控手段利用化学物质来消灭或控制疫病病原体。这些防控手段的应用需要基于科学研究和技术支持，确保其安全性和有效性。

技术的研发与应用在防治野生动物疫病和外来生物入侵中具有重要意义。通过疫苗研发、遗传工程、检测技术和多种防控手段的应用，可以提高野生动物的免疫力和抵抗力，控制疫病的传播，减轻外来生物入侵对生态环境的影响。这种技术支持为防治工作的实施提供了科学依据和技术保障。

第五节　草原地质灾害防治措施

草原地质灾害的防治是一项复杂而重要的任务。草原是自然环境的重要组成部分，对于维持生态平衡、保护生物多样性、减少温室气体排放等具有重要作用。因此，制定并实施有效的草原地质灾害防治措施至关重要。

一、监测预警是防治草原地质灾害的基础

监测预警在防治草原地质灾害的体系中扮演基础性角色。尤其是在全球气候变暖、极端天气事件增多的背景下，草原地质灾害的频率和强度都有可能增加。因此，及时、准确的监测预警对于降低地质灾害对草原的影响，保护草原的生态环境和生物多样性，具有重要的作用。

监测预警系统的建立和完善，是一个涉及多个学科，如地理学、生态学、气象学、信息技术等的复杂工程。它的建立与完善离不开对草原自然环境和生态过程的深入了解，包括草原的地形、土壤、气候等各种因素。这些因素在草原地质灾害的发生过程中起着决定性的作用。例如，地形决定了水流的走向和速度，土壤的性质决定了土壤的侵蚀性和稳定性，气候则影响了草原的湿度和温度条件，进一步影响了草原的生态过程和稳定性。

建立监测预警系统的目标是能够及时发现灾害预兆，对灾害的可能发生进行预测和预警。为实现这个目标，需要建立大量的监测站点，对草原的地形、土壤、气候等因素进行实时监测，收集大量的观测数据。然后，需要使用先进的数据分析和模型预测技术，对收集到的数据进行分析和解释，以便发现灾害预兆，对灾害的发生进行预测。最后，需要建立有效的预警机制，当预测到灾害可能发生时，能够及时通知相关人员和机构，以便他们提前采取应对措施，降低灾害的影响。

虽然监测预警系统在防治草原地质灾害中起着重要作用，但它并不能避免灾害的发生。地质灾害的发生往往是多因素、多过程复杂交互的结果，有些因素和过程尚未被充分了解和掌握。此外，即使对灾害的发生有了预警，也需要有有效的应对措施和机制，才能真正降低灾害的影响。因此，监测预警系统只是防治草原地质灾害体系的一部分，需要与科学管理、技术手段、立法保障等其他部分配合，共同工作，才能减少草原地质灾害的发生。

二、科学管理是防治草原地质灾害的重要环节

科学管理在防治草原地质灾害的体系中起着关键的作用。作为一个系统的整合环节，科学管理涉及诸多具体的实施策略，包括草原使用的合理规划，过度放牧的控制，草原植被的保护，草原的恢复和重建，等等。

合理规划草原使用是科学管理的一个重要方面。深入了解地理知识，预知地质灾害易发生的区域，可为决策提供有力支持。避免在这些区域进行不当活动，如过度开垦、建设等，能极大地降低地质灾害的发生风险。此外，合理规划还包括土地使用权的分配，对农牧民的培训和教育，与地质灾害防治相关的法律宣传，等等，都是防止或减少草原地质灾害的有效手段。

过度放牧的控制也是草原地质灾害防治的重要措施。过度放牧会导致草原植被的破坏，加剧土壤侵蚀，增加地质灾害风险。通过科学的草原承载力评估，合理控制放牧密度，可以有效保护草原植被，减少土壤侵蚀，降低地质灾害的风险。同时，对农牧民进行草原生态保护教育和培训，引导他们科学进行草原管理和放牧，也是防治草原地质灾害的重要手段。

草原植被的保护不仅关乎草原生态系统的稳定性，还与草原地质灾害的防治密切相关。草原植被可以稳定土壤，减少风蚀和水蚀，减少地质灾害。因此，应积极采取各种措施，保护草原植被，包括实施植被恢复和建设项目，推广适应草原生态环境的植物种群，限制有害植物的扩张等。

三、技术手段是防治草原地质灾害的重要工具

技术手段在防治草原地质灾害中扮演着至关重要的角色。这些手段涵盖了多个不同的领域，包括地质灾害防治工程、生物工程、地质环境修复技术等。

地质灾害防治工程，如植被覆盖、土壤固定、防冲刷工程等，主要通过工程技术手段改变草原地貌，以阻止或减缓地质灾害的发生。这些工程通常需要大量的人力和物力投入，但它们的效果直接且明显。例如，植被覆盖可以减少风蚀和水蚀，土壤固定可以防止土壤流失，防冲刷工程可以改善水土流失情况。这些工程的设计和实施需要专业的地质和工程知识，也需要考虑到草原的特殊性和复杂性。

生物工程，主要是通过种植和管理植物，改善草原的植被状况，从而提高草原的稳定性，减轻地质灾害的风险。这通常包括选择适应草原环境的植物种群，进行种植和管理，以改善植被状况，增加植被覆盖度，降低土壤侵蚀程度，减轻地质灾害的影响。这种方法需要综合运用生态学、植物学、土壤学等多学科的知识。

利用地质环境修复技术，如土壤修复、污染控制等，可修复受到地质灾害影响的草原环境，恢复其正常功能。土壤修复通常通过改善土壤的物理和化学性质，提高土壤的肥力和保水能力，使其能够支持正常的植被生长。污染控制则主要是通过防止和减少污染物的产生和排放，降低对草原环境的影响。开展相关工作需要专业的环境科学和工程技术知识予以支持，也需要与当地的农牧民、政府等进行有效的合作。

四、立法是防治草原地质灾害的重要保障

法律和法规提供了对草原资源保护的规范性要求，并为降低地质灾害的风险提供了重要的制度保障。通过建立完善的草原保护法律法规，可以有效规范人们对草原资源的使用行为，从而减轻地质灾害的影响。

制定草原保护法律是立法保障的一项重要内容。具体来说，这涉及禁止在特定区域进行某些可能引发地质灾害的活动。例如，某些法律法规会禁止在地质灾害易发生的地区进行大规模的开发建设活动，以防止草原退化和土壤侵蚀，从而降低地质灾害的风险。

立法保障还应该包括制定灾害应对的法律制度、灾害应急响应程序和责任制、保障灾害应对的有效实施等。例如，法律法规会规定在地质

灾害发生时，各级政府和相关部门应该如何组织应急响应，以及各方在灾害应对中应承担的责任。这样可以确保在灾害发生时，有一个清晰和高效的应对机制，从而降低灾害对草原的影响。

仅有完善的法律法规并不足以保障草原的保护和地质灾害的防治。实施法律法规需要相关机构和个人的积极配合，包括政府部门、草原使用者和社区等。同时，对于法律法规，也需要根据草原的实际情况和地质灾害的变化及时进行调整和更新。在这个过程中，科研机构和专业人员可以提供关键的科学依据和技术支持。只有多方面共同努力，立法保障才能真正发挥其防治草原地质灾害的作用。

草原地质灾害防治是一个系统工程，需要从监测预警、科学管理、技术手段和立法保障等多个方面施行。只有这样，才能有效减少草原地质灾害的发生，保护草原的生态环境，为人类和自然的和谐共生创造条件。

第七章　草原监测体系的全面构建

第一节　建立草原"一张图"

一、工作目标

（一）以第三次全国国土调查成果为基础，区划草班、小班

区划草班、小班是地理信息科学中的一种空间分析方法，其基础是传统的土地调查和土地评估。其主要目标是对地理空间进行精细划分，以便进行更深入的分析和管理。在这个过程中，根据不同的特征和需求，地理空间被划分为不同的区域或"班"。

2017年10月起，我国开展第三次全国土地调查。2021年8月，自然资源部公布第三次全国国土调查主要数据成果。第三次全国国土调查是我国的一项大规模的土地调查工作，旨在获取全面的土地利用和土地覆盖信息。这个调查是我国土地管理的重要基础，为政策制定提供了数据支持。因此，以第三次全国国土调查成果为基础进行草班、小班划分，可以保证精细化管理的科学性和有效性。

具体来说，草班是相对较大的地理单元，小班则是在草班的基础上进行更为精细的划分。落实到山头地块是对这些单元进行实地调查的过程，旨在获取详细的土地利用和土地覆盖信息。这种实地调查是获取地理信息的核心方法之一，其结果对于理解地理空间的复杂性至关重要。

这些信息将被用于建立小班资源档案，即一种详细的地理数据库，包含了每个小班的各种属性，如土地利用类型、土地覆盖类型、植被类型、土壤类型等。这些属性是对小班地理空间特征的量化表述，可以用

于分析和比较不同小班的差异，也可以用于监测和评估土地利用和土地覆盖的变化。此外，小班资源档案也为土地管理提供了重要的依据。通过对小班的详细信息进行分析，可以发现土地利用和土地覆盖的问题，如过度开发、土地退化等，从而为土地管理提供依据。同时，小班资源档案也可以为土地规划提供数据支持，帮助规划者对未来的土地利用进行预测和决策。

以第三次全国国土调查成果为基础，区划草班、小班，落实到山头地块，获取小班详细数据信息，建立小班资源档案，这是一种科学的地理信息处理方法，对于理解和管理地理空间具有重要的意义。

（二）查清草原之外的草资源状况

查清草原之外的草资源状况是生态学和环境科学中一个重要的课题，主要涉及对森林、湿地等生态系统的草本植物资源的调查和分析。植物群落的多样性，以及其中的草本植物种类和数量，对于生态系统的功能和稳定性有着深远的影响。因此，查清这些地区的草资源状况，有助于更好地理解和管理这些生态系统。

对于森林，草本植物通常是森林底层的主要植物类型。它们对于森林的生态功能有着重要的影响，如水土保持、营养物质循环、生物多样性维持等。因此，查清森林中的草资源状况，有助于了解森林的生态功能和健康状况，也可以为森林管理提供依据。

而对于湿地，草本植物也是其主要的生态组成部分。湿地草本植物对于湿地生态系统的生态服务功能有着重要的贡献，如调节水质、减轻洪水、维持生物多样性等。因此，查清湿地中的草资源状况，可以为湿地保护和管理提供科学依据。

在查清草原之外的草资源状况时，需要使用各种生态学和环境科学的研究方法，如实地调查、遥感监测、生物统计分析等。利用这些方法可以获取关于草资源的详细信息，如种类、数量、分布、生态功能等。在查清草资源状况的基础上，可以进一步分析草资源的变化趋势和影响因素。例如，可以通过长期监测数据分析草资源的动态变化，也可以通过模型模拟预测未来的变化趋势，还可以通过实验研究分析环境因素对草资源的影响。

查清草原之外的草资源状况，不仅有助于理解这些生态系统的生态功能和健康状况，还可为生态保护和管理提供科学依据。同时，也可以为草原以外的草资源的可持续利用和开发提供参考，为人类的生活和发展提供更多的可能性。

（三）绘制形成草原"一张图"

绘制形成草原"一张图"是在地理信息科学中应用广泛的一种方法，用于清晰、全面地展现某一区域的地理信息。这种图一般包含多种地理信息，如地形、地质、土壤、气候、生态系统等。在草原资源管理中，草原"一张图"可以展示草原的生态状况、资源分布，以及资源的变化趋势等信息。

绘制草原"一张图"需要使用地理信息系统（GIS）等工具和技术。通过 GIS，可以将各种草原信息整合到一张图中，从而直观、清晰地展示草原信息。

全区草原资源管理基本底数是草原管理的关键数据，它包含了草原的基本信息，如草原面积、草原类型、草原覆盖度、草原生产力等。这些数据可以通过土地调查、遥感监测等方法获得。获取这些数据的过程需要精确和科学，以确保数据的准确性和可靠性。

在草原"一张图"中，草原资源管理基本底数可以以各种形式展现，如色彩的深浅表示草原覆盖度的高低，图例的大小表示草原生产力的大小等。这些表现形式可以帮助人们直观地了解草原资源的状况。此外，草原"一张图"还可以展示草原资源的动态变化。例如，通过将不同时间点的草原信息叠加在一起，可以形成一个动态的草原变化图，从而直观地显示出草原资源的变化趋势。草原"一张图"在草原管理中有重要的应用。通过查看草原"一张图"，草原管理者可以迅速了解草原资源的状况，发现草原资源的问题，如草原退化、草原过度开发等。草原"一张图"也可以为草原管理决策提供数据支持，帮助管理者制定有效的草原管理策略。

绘制形成草原"一张图",展现全区草原资源管理基本底数,是地理信息科学在草原管理中的重要应用。它可以提供清晰、全面、动态的草原信息,为草原管理提供依据,促进草原资源的可持续利用和保护。

(四)建立草原"一张图"管理平台

建立草原"一张图"管理平台是应用信息科技为草原资源管理提供支持的一项重要工作。这种平台使用地理信息系统(GIS)和其他信息技术,对草原的各类资源信息进行集成、分析等,以促进信息化和精细化的草原管理。

草原"一张图"管理平台充分利用了GIS的空间分析功能,将各种草原资源,如地形、土壤、气候、生物多样性等,集成到一个统一的信息系统中。这样,就可以在一个平台上集中查看、分析和管理草原资源信息。

草原资源信息化是建立这个平台的重要目标之一。信息化不仅可以提高草原管理的效率,还可以提高草原资源的利用效率。通过将草原资源的物理属性转化为数字信息,可以更精确地度量和评估草原资源,更好地监测和预测草原资源的变化,从而为草原资源的合理利用和保护提供支持。

精细化管理是建立这个平台的另一个重要目标。通过将草原划分为多个管理单元,并为每个单元提供详细的资源信息,可以对草原进行精细化管理。利用这种方法可以更准确地了解草原的复杂性,更好地应对草原的环境变化,从而保证草原的健康和可持续性。

草原"一张图"管理平台也是推动草原合理保护和科学开发利用的重要工具。通过提供详细和准确的草原资源信息,平台可以帮助决策者制定出更符合实际情况的草原保护和开发策略。同时,通过监测草原资源的变化,平台可以帮助管理者及时调整草原管理策略,以应对环境变化和社会需求变化。

建立草原"一张图"管理平台,是利用信息科技推进草原资源资产信息化和精细化管理，进一步促进草原合理保护和科学开发利用的重要手段。这种平台有助于提高草原管理的效率和效果，保证草原的健康和可持续性，同时也为草原的科学开发提供了重要的数据支持。

二、工作内容

（一）草原基况监测

1.确定草原和草资源监测范围

确定草原和草资源监测范围是一个复杂而关键的任务，因为这会直接影响到监测的有效性和可靠性。这个过程涉及对已有的第三次全国国土调查成果、草原调查监测成果及其他调查监测资料的充分利用，以准确地定义出需要监测的草原区域和草本资源种类。

第三次全国国土调查，是我国进行的一项全国范围的土地利用现状调查，是全面了解我国土地利用情况的重要手段。它提供了关于土地利用的基本数据，包括草原的面积、分布、利用情况等。这些数据是确定草原监测范围的基础。

已有的草原调查监测成果是另一个重要的数据源。这些成果包括草原的种类、生态状况、生物多样性等信息。这些信息有助于了解草原的实际情况，从而更准确地确定草资源监测范围。

在确定监测范围过程中，需要综合考虑各种因素，如草原的生态特性、环境变化、社会需求等。不同的草原和草资源需要不同的监测范围和方法。监测范围一旦确定，就可以进行具体的监测工作，如设立监测站点、收集监测数据、分析监测结果等。根据监测数据，可以了解关于草原和草资源状况的实时信息、评估草原健康状况、预测草原变化趋势，从而为草原管理和保护提供依据。

确定草原和草资源监测范围是一个涉及多个学科、多种数据、多种因素的复杂过程。这个过程需要科学、系统的方法，需要充分利用已有的数据和信息，以确保监测的有效性和可靠性。

2.构建初步基础数据库

构建初步基础数据库是一个重要的环节，利用数据库可存储、管理和检索关于草班和小班的相关信息。这个过程涉及建立解译标志、目视判读区划草班、细分小班，以及根据相关资料的可利用程度确定小班的部分因子。

建立解译标志是一个关键步骤，它涉及对草班和小班的特征进行明确和标准化的描述。解译标志可以是各种形式，如颜色、符号、编码等，用来表示草班和小班的不同属性，如草班类型、草本植物种类、草本生物量等。

目视判读是对草班的主要划分方式，它依赖经验丰富的专业人员对草原的观察和理解。目视判读可以识别出草原的主要特征和变化，从而确定草班的位置和边界；也可以通过观察和分析草原的物种组成、结构、生长状况等，来确定草班的类型和属性。

细分小班是对草班进一步的细致划分，目的是能更好地理解和管理草原资源。每个小班包含更具体和更细致的信息，如草本植物的种类、数量、生长状况等。这些信息对于了解草原的详细状况，以及对草原进行精细化管理是非常重要的。

根据相关资料的可利用程度确定小班的部分因子，是为了在数据库中填充更多的信息。这些因子包括草原的环境条件（如气候、土壤）、生物多样性、草原的利用状况等。对于这些因子，可以通过各种途径获取，如现场调查、文献研究、遥感监测等。

构建初步基础数据库是一个集数据收集、整理和管理为一体的过程。这个过程中需要科学、系统的方法，以确保数据的准确性和可靠性。数据库的建立将为后续的草原资源管理和研究提供重要的数据支持，同时也可推动草原科学向数据驱动发展。

3.选择适宜的草原资源相对集中区域，对区域小班进行实地调查

选择适宜的草原资源相对集中区域进行实地调查是草原科学研究和管理的重要环节。通过实地调查、入户访问、无人机大范围拍摄等方法，

可以收集丰富的草原资源数据，了解草原的实际状况，从而为草原管理和保护提供依据。

实地调查是对草原资源现状的直接观察和测量，可以获取关于草原地形、气候、土壤、植物种类、生物多样性等多方面的信息，其结果直接反映了草原的自然属性和人类活动对草原的影响。

交通便利、草地类型丰富且草原资源相对集中的区域是实地调查的理想选择。交通便利可以降低调查的物力、财力成本，丰富的草地类型和相对集中的草原资源则可以提供更全面、更具有代表性的草原资源信息。

入户访问是一种重要的社会经济调查方法，可以了解到草原社区的生活方式、草原资源的利用方式和管理状况等信息。这些信息对于理解草原的人文因素，评估人类活动对草原的影响，以及设计和实施草原管理策略具有重要意义。

无人机大范围拍摄是一种新兴的遥感监测技术，它可以提供大范围、高分辨率的草原影像数据。通过分析这些数据，可以快速、准确地了解草原的覆盖类型、生物量、健康状况等信息。

4. 获取相关数据

获取相关数据是草原科学研究和管理的基础环节，它通过对典型样地进行地面调查、遥感建模、反演分析等多种方式获取小班因子数据。

典型样地是代表某一草原类型或特定条件下的草原环境的地方，通过在这些样地进行地面调查，可以获取关于草原生态系统结构和功能的详细信息。样地调查包括但不限于植物种类、植物覆盖度、生物量、土壤性质、微生物活动等各种参数的测量。这些信息是了解草原生态系统的基础，也是评估草原健康状况、预测草原变化的重要依据。

遥感建模是一种基于遥感数据的草原资源信息获取方法。遥感技术可以提供大范围、高分辨率的草原影像数据，通过对这些数据的处理和分析，可以获取草原覆盖类型、生物量、健康状况等信息。遥感建模通常涉及机器学习、统计分析等复杂的算法，需要专业的知识和技术。

反演分析是一种基于模型的数据获取方法，它通过对已有的样地数据和遥感数据进行统计分析，建立起反映草原资源信息的模型，然后通过这个模型将遥感数据转换为草原资源信息。反演分析需要科学、系统的方法和专业技术，其结果的准确性和可靠性直接影响到草原资源信息的获取和利用。

通过多渠道获取并综合分析小班因子数据，可以获取更全面、更详细、更准确的草原资源信息，为草原科学研究和管理提供重要的数据支持。这个过程需要科学、系统的方法，以及专业的知识和技术，也需要对草原生态系统有深入的理解。

获取小班因子数据是一项涵盖资料准备、构建数据库结构、遥感判读、样地外业调查、草班小班区划落界、属性因子赋值、指标计算和成果产出等多个步骤的工作，每个步骤都具有其独特的科学性和技术性。

（1）资料准备是收集和整理相关资料的过程，这些资料包括但不限于历史草原调查数据、遥感影像数据、地形地貌数据、气候数据、土壤数据等。这些数据为小班因子数据的获取提供了基础。

（2）构建数据库结构是设计和创建适合存储和管理草原资源信息的数据库的过程。数据库结构的设计需要考虑数据的属性、关系、约束等因素，以确保数据的有效性、准确性和完整性。

（3）遥感判读是对遥感影像进行分析和解译的过程，其目的是从影像中提取草原资源信息。遥感判读需要专业的知识和技术，包括影像处理、分类、量化分析等。

（4）样地外业调查是对选定样地进行实地调查的过程，可以获取关于草原生态系统结构和功能的详细信息。这些信息是评估草原健康状况、预测草原变化的重要依据。

（5）草班小班区划落界是将草原区域划分为一系列小班的过程，每个小班都有其特定的属性和因子。这个过程需要科学、系统的方法和专业技术。

（6）属性因子赋值是将每个小班的属性因子数据输入数据库的过程。

这个过程中需要准确、细致地处理数据，以确保数据的有效性和可靠性。

（7）指标计算是根据小班因子数据计算出草原资源的各项指标的过程，这些指标可以反映草原的生产力、健康状况、生物多样性等多方面的信息。

（8）成果产出是根据小班因子数据和指标计算结果生成各种形式的成果的过程，这些成果可以是图表、报告、地图等，可以直观地展示草原资源的状况和变化。

（二）草原"一张图"管理平台建设

开发建设草原数据采集系统 App 和草原"一张图"管理平台，建立草原基况监测、草原生态评价、草原年度性动态监测、草原应急监测四大基础功能板块，并依托机器学习、数据统计分析、可视化等功能开展如承包草原确权、草原征占用、生态修复、退化管理、灾害预警、执法监督、决策分析等多种业务管理工作。根据需求不断补充完善草原管理业务应用及决策管理模块。

1.基础功能板块

（1）草原基况监测。草原"一张图"管理平台建设意味着对草原资源信息的集成、整理等。在这个过程中，建立草原基况监测的基础功能板块尤为重要。此功能板块的主要目标在于搭建一个科学、准确、实时反映草原生态系统现状的系统架构。

草原基况监测板块主要涵盖生态、资源、气候、土壤、生物多样性等多个维度。这些维度包括了草原生态系统的主要组成部分，能全面反映草原生态系统的状况。每个维度都需要有相应的监测指标和方法，同时需要有科学的数据分析和解释。

生态维度主要关注草原的生态功能，如养分循环、水分保持、气候调节、生物多样性保护等。通过定期的生态监测，可以评估草原的健康状况，预测可能的环境变化，为草原保护和管理提供依据。

资源维度主要关注草原的资源状况，如草地覆盖类型、生物量、产草量等。这些信息是评估草原的生产力，预测草原的开发利用潜力的重要依据。

气候维度主要关注草原的气候条件，如温度、降水、日照时数、风速等。这些因素对草原的生态功能和资源状况有重要影响。

土壤维度主要关注草原的土壤状况，如土壤类型、肥力状况、水分含量等。这些信息是评估草原的生产力，预测草原的生态变化的重要依据。

生物多样性维度主要关注草原的生物多样性状况，如物种丰富度、物种相对丰富度、群落结构等。这些信息是评估草原的生态健康状况，预测草原的生态变化的重要依据。

在实施草原基况监测的同时，也需要有科学的数据分析和解释。通过统计分析、机器学习等方法，可以从大量的监测数据中提取出有用的信息，从而更准确地反映草原的状况。同时，也需要有专业的人员对这些信息进行解释，以便更好地理解草原的生态过程和动态变化。

（2）草原生态评价。在草原"一张图"管理平台建设中，草原生态评价基础功能板块占据核心地位，它是评估草原生态健康状况，预测草原生态变化趋势，指导草原保护和管理决策的重要依据。

草原生态评价是一个涉及生物、地理、气候、土壤等多个领域的综合评价过程。通过对草原生态系统各个组成部分进行系统、科学的评价，可以了解草原的生态健康状况，预测可能的环境变化，为草原保护和管理提供依据。

生物评价主要关注草原的生物多样性，如物种丰富度、群落结构、生态功能等。物种多样性是衡量草原生态系统健康状况的重要指标，可以反映草原的生态稳定性和抵抗干扰的能力。

地理评价主要关注草原的地理状况，如地形、地貌、地理位置等。地理状况对草原生态系统的生态功能和资源状况有重要影响。

气候评价主要关注草原的气候条件，如温度、降水、风速等。气候条件是草原生态系统的重要生态因子，对草原的生物多样性、生产力、水分保持等有重要影响。

土壤评价主要关注草原的土壤状况，如土壤类型、肥力、水分含量等。土壤是草原生态系统的基础，对草原的生产力、生物多样性、养分循环等有重要影响。

在进行草原生态评价的同时，还需要建立科学的评价体系，确定评价指标、评价方法、评价标准等。评价指标应涵盖草原生态系统的各个组成部分，能全面反映草原的生态健康状况。评价方法应科学、有效、准确地反映评价指标的真实状况。评价标准应公正、公平，能准确衡量草原的生态状况。

草原生态评价基础功能板块在草原"一张图"管理平台建设中具有重要意义。通过对草原生态的全面评价，可以更好地了解草原的生态健康状况，为草原的保护和管理提供科学依据。

（3）草原年度性动态监测。草原"一张图"管理平台建设中的草原年度性动态监测基础功能板块，是对草原资源状况进行持续观测、分析和解读的关键部分。它不仅能够实时反映草原生态的变化情况，还能够预测未来趋势，为管理决策提供科学依据。

草原年度性动态监测的主要任务包括对草原生态环境的各项指标进行定期或持续观测，收集并分析草原资源和生态状况的动态变化数据。通过这些数据，可以对草原的生态健康状况、物种多样性、生产力、土壤条件等方面进行全面评估，形成草原资源动态变化的全景图。

遥感技术在草原年度性动态监测中扮演了重要角色。卫星遥感可以提供大范围、连续的地面信息，通过对比不同时间点的遥感图像，可以清晰地反映出草原覆盖度、生产力等参数的变化，从而实现对草原资源的年度性动态监测。

除了遥感技术，地理信息系统（GIS）也是实现草原年度性动态监测的重要工具。GIS可以处理和分析大量的地理数据，实现对草原资源的空间分布和动态变化的精确描述，从而提高草原资源管理的精度和效率。

在对草原资源进行年度性动态监测的过程中，除了对草原资源的数量和分布进行观测，还需要对草原生态系统的功能和服务进行评估。这包括草原的碳固存功能、水源涵养功能、生物多样性保护功能等，这些功能和服务对维持草原生态稳定和人类生活质量都至关重要。

草原年度性动态监测的基础功能板块不仅需要强大的技术支持，还需要科学的监测指标体系和评估方法。要在草原生态研究的基础上，结合遥感和 GIS 技术，构建科学合理的草原资源动态监测系统，以实现对草原资源的精细化、信息化管理。

总体来说，草原年度性动态监测的基础功能板块在草原"一张图"管理平台建设中占据重要位置。它能够全面反映草原资源的动态变化，为草原保护和管理提供科学依据，也为草原资源的可持续利用和生态文明建设提供重要支持。

（4）草原应急监测。草原"一张图"管理平台建设中的草原应急监测基础功能板块，是草原资源管理中至关重要的一部分，主要用于及时响应和处理草原资源面临的紧急状况，如草原火灾、疫情、过度放牧、干旱等。

草原应急监测的功能涵盖了对草原生态环境异常情况的及时发现、评估和响应。这涉及对草原生态环境的实时监控、快速评估和决策支持等多个环节。以草原火灾为例，需要通过遥感等手段实时监测火灾发生的位置和范围，评估火灾对草原生态系统的影响程度，以及制定战术并指挥扑灭火灾。

为实现草原应急监测，需要建立和完善草原生态环境的实时监测和应急响应机制。这包括建立草原生态环境的实时监测网络，实现对草原生态环境各项指标的实时监测和数据收集；建立草原生态环境应急响应中心，实现对草原生态环境异常情况的快速评估和处理。

草原应急监测的技术手段多样，其中遥感技术、GIS 技术、无人机技术等在草原应急监测中发挥了重要作用。遥感技术可以通过对卫星遥感图像的解析，快速定位和评估草原生态环境异常情况；GIS 技术可以处理和分析大量的地理数据，实现对草原生态环境的空间分析和决策支持；

无人机技术可以在紧急情况下进行低空高分辨率的图像获取，对现场情况进行详细观测。同时，草原应急监测的成功实施还需要依托强大的数据处理和分析能力。草原生态环境的数据量巨大，需要运用大数据分析、机器学习等方法，提取有效信息，辅助决策。

在应急响应阶段，草原应急监测需要与草原保护、生态恢复等工作紧密结合。例如，在草原火灾发生后，不仅要及时扑灭火源，还要评估火灾对草原生态的影响，制定科学的生态恢复方案。

草原应急监测在草原"一张图"管理平台中占据了重要位置，具有现实的需求和明确的目标。未来应继续优化应急监测的方法和技术，提升应急响应的效率和效果，为草原的可持续利用和生态文明建设提供坚实保障。

2. 业务管理工作

（1）承包草原确权。承包草原确权是草原"一张图"管理平台重要的业务管理工作之一，它是草原资源管理和利用的关键，对于推动草原资源的合理开发利用、保护草原生态环境和促进草原地区社会经济发展具有重要意义。

承包草原确权是草原资源的所有权和使用权的法律认定过程，是实施草原承包经营的基础。其主要目标是明确草原资源的权属关系，确保草原资源的合法、合规和合理使用，防止草原资源的滥用和破坏，同时也为草原地区的社会经济发展提供了稳定的资源保障。

为实现这一目标，草原"一张图"管理平台应具备以下功能。

①权属核实和确认。包括草原地块的边界划定、面积计算、权属核实等，确保草原资源的权属清晰，无争议。

②资产登记和管理。包括草原资源的数量、质量、价值等信息的登记和管理，形成草原资源的资产清册，为草原资源的合理开发利用、防止滥用和破坏提供信息支持。

③承包合同管理。包括承包合同的签订、执行、变更、解除等全过程的管理，确保承包合同的合法性、合规性和有效性。

④监管和服务。包括对草原资源使用情况的监管，对承包经营者的服务，包括提供草原资源信息服务、承包经营指导服务等，促进草原资源的合理开发利用。

实现这些功能需要依托草原"一张图"管理平台强大的数据处理和分析能力，运用 GIS、遥感等技术，进行草原资源的空间数据处理和分析，生成草原资源地理信息数据库，为草原资源的权属核实和确认、资产登记和管理、承包合同管理、监管和服务提供信息支持。同时，承包草原确权的业务管理工作也需要依法进行，尊重和保护草原资源的所有权和使用权，尊重和保护承包经营者的合法权益，做到公正、公平、公开。

（2）草原征占用。草原征占用是草原"一张图"管理平台业务管理工作的重要组成部分，其目标是保护草原资源，防止草原资源的过度开发和滥用，保护草原生态环境，促进草原地区的可持续发展。

草原征占用是指对草原资源的占用，包括因建设、开采等活动对草原造成的损害。草原征占用的业务管理工作主要包括以下几个方面。

①征占用申请审核。对草原征占用申请进行严格审核，要求申请者提交详细的征占用计划和环境影响评估报告，确保征占用行为的合法性和合规性。

②环境影响评估。对征占用计划进行环境影响评估，分析征占用行为对草原资源和生态环境的影响，提出防止和减少环境影响的措施。

③监督和检查。对草原征占用行为进行监督和检查，确保征占用行为按照批准的计划和环境影响评估报告的要求进行，防止和纠正违规行为。

④征占用后的恢复和治理。对征占用后的草原进行恢复和治理，减少征占用行为对草原资源和生态环境的影响，恢复草原的生态功能。

实现这些功能需要依托草原"一张图"管理平台强大的数据处理和分析能力，运用 GIS、遥感等技术，进行草原资源的空间数据处理和分析，生成草原资源地理信息数据库，为草原征占用的业务管理工作提供信息支持。草原征占用业务管理工作应遵循法律法规和政策规定，坚持合法、合规、合理的原则，尊重和保护草原资源的所有权和使用权，尊重和保护草原生态环境，确保草原地区的可持续发展。

（3）生态修复。生态修复业务管理工作在草原"一张图"管理平台中发挥着核心的作用，可以维护草原生态系统的完整性和功能。生态修复是一种主动介入的手段，旨在修复或改善由人类活动或自然灾害导致的草原生态系统的退化、损坏或破坏。

生态修复业务管理工作主要涵盖以下关键步骤。

①问题识别和评估。定位并评估草原生态系统的问题，包括草原退化、水土流失、草地裸露等。在评估过程中，需确定影响草原生态系统健康的关键因素，以制定恰当的生态修复策略。

②制定生态修复策略。根据问题识别和评估的结果，制定生态修复策略。策略包括物种复壮、土壤修复、水文修复等多种方法。

③实施和监测。执行修复策略，并持续监测修复过程的进展。草原"一张图"管理平台可利用 GIS 和遥感技术，实时地跟踪监测修复的效果，以便及时进行策略调整。

④反馈和改进。根据监测数据反馈，评估修复效果，并根据需要调整生态修复策略。这是一个动态的过程，需持续优化，以适应不断变化的草原生态系统条件。

通过草原"一张图"管理平台，生态修复业务管理工作可以实现信息化、数字化和精细化。该平台提供全面的草原资源和生态信息，为生态修复工作提供科学依据。此外，平台还支持生态修复过程中的动态监测和管理，旨在提高生态修复效果的可预测性和可操作性。

（4）退化管理。退化管理在草原"一张图"管理平台中处于重要地位，有助于防止和减缓草原生态系统退化。

退化管理的核心目标是防止草原退化的发生，以及修复已经发生退化的草原。实现这一目标的主要手段包括以下几个。

①监测和评估。通过"一张图"管理平台，定期或实时监测草原生

态系统的状态，评估草原退化的程度和速率。这一过程中通过卫星遥感、地面调查等方式获取数据，然后利用地理信息系统（GIS）进行处理和分析。

②预防和预警。基于评估结果，制定预防草原退化的策略，如设置草原利用的合理限度，推行可持续的草原管理方式等。另外，根据草原退化的趋势进行预警，以便在草原退化进一步恶化前采取应对措施。

③修复和恢复。对已经退化的草原进行修复，恢复其生态功能。修复措施可以包括种植适应性强、生长快速的草本植物，改善土壤质量，改变牧草使用模式等。通过科学的方法和管理，力求在短期内改善草原退化状态，并努力恢复草原生态系统的稳定性和可持续性。

草原"一张图"管理平台在退化管理工作中十分重要，它能实现对草原退化情况的动态监测，及时准确地反映草原状态，为草原管理决策提供科学依据。另外，该平台还支持对草原退化管理工作的规划、评估和调整，从而提高草原退化管理的效率和效果。

退化管理工作对于草原生态系统的可持续利用至关重要。草原"一张图"管理平台的运用，使得这一任务的实施更为精准、高效，对于保护草原资源，防止草原退化，实现草原可持续发展具有重要意义。

（5）灾害预警。灾害预警业务管理工作在草原"一张图"管理平台建设中占据关键位置，致力利用高精度数据和科学方法，减少灾害对草原生态系统产生的负面影响。草原生态系统中的灾害主要包括自然灾害，如干旱、洪涝、冻害、火灾等，以及人为灾害，如过度放牧、滥采草药等。

灾害预警工作的核心在于利用科学的方法，准确、及时地识别和预报可能影响草原生态系统的灾害。包括以下几个步骤。

①灾害监测。利用"一张图"管理平台进行实时或定期的草原生态监测，收集关于草原生态系统的数据，如气候条件、植被覆盖度、土壤湿度等。这些数据可以通过卫星遥感、地面观测站等手段获取，并用于评估草原的当前状态以及灾害风险。

②灾害预测。根据监测数据，运用气象模型、生态模型等工具进行灾害预测。例如，根据长期气候模型预测可能发生的干旱，或根据植被生长模型预测过度放牧的风险。

③预警发布。当预测的灾害风险超过一定阈值时，发布预警信息，提醒相关方采取应对措施。包括提醒牧民减少放牧，或者向政府报告火灾的隐患。

④应急响应。灾害预警工作还包括协助制订和实施应急响应计划。例如，当预测到严重干旱时，可以实施草原灌溉计划；预测到火灾风险时，可以准备灭火设备和人员。

通过对草原生态系统的实时监测和对灾害风险的准确预测，可以最大限度地减少灾害对草原生态系统的影响，保护草原生态环境，实现草原资源的可持续利用。

（6）执法监督。执法监督在草原"一张图"管理平台建设中处于重要地位，为草原生态保护提供了有力的法治支撑。在草原资源管理中，执法监督主要涉及对草原使用权的争议处理、对草原资源的合理利用和保护、对草原环境的监控和保护等方面。

草原"一张图"管理平台在执法监督中主要收集、分析和提供信息。通过卫星遥感、无人机等技术，可以获取草原的实时信息，如植被覆盖度、土壤湿度、草原质量等，以及对草原进行的人为活动，如放牧、草药采集等。这些信息可为执法监督提供直接的、准确的依据。

草原"一张图"管理平台同时运用数据分析和模型预测技术，对收集到的信息进行处理和解读，评估草原资源利用的合理性和草原环境的健康状况，形成清晰、全面的草原情况报告。这可以帮助执法人员对草原现状有更深入的了解，为制定执法决策提供依据。此外，草原"一张图"管理平台还可以提供线上执法工具。比如，可以设定一套线上举报系统，方便群众对草原资源滥用行为进行举报，增强草原资源的社会监督力度。同时，线上系统还方便执法人员对草原使用情况进行追溯和审查，提高执法效率和公正性。

在实践操作中，执法监督业务管理工作需要依据政策法规，注重以法律手段规范草原资源的开发、利用和保护行为，维护草原资源权益，促进草原资源的合理利用和可持续发展。另外，还需要提高社会公众对草原资源保护法律的认知，引导并促使公众积极参与草原保护活动。

草原"一张图"管理平台在执法监督的业务管理工作中发挥着至关重要的作用，它不仅提供了准确的草原信息，为执法决策提供了依据，还提供了方便快捷的线上执法工具，提高了执法效率，有力地维护了草原资源的合理利用和保护，推动了草原资源的可持续发展。

（7）决策分析。在草原"一张图"管理平台建设的过程中，决策分析业务管理工作起着至关重要的作用。决策分析是一个以系统方法，借助数学模型、统计分析、信息系统等手段，对问题进行深入探讨，最终达到最优决策的过程。

草原"一张图"管理平台能够收集大量实时的草原数据，包括草原的覆盖情况、草原生物多样性、草原土壤水分情况等，这些数据形成了一个巨大的草原信息数据库。借助现代计算机技术，可以对这些数据进行深入的分析和挖掘，得到对草原现状、变化趋势和潜在风险的重要信息。

这些分析结果可以为草原保护决策提供科学依据。例如，通过分析草原覆盖情况和生物多样性的变化，可以判断某个地区是否正在经历草原退化，如果是，则可以及时采取保护措施；通过分析土壤水分情况，可以预测草原的生产力，这对决定草原的合理利用极其重要。除此之外，草原"一张图"管理平台还可以采用多种决策分析工具，如决策树、模拟技术、优化模型等，为草原保护提供最优方案。例如，如果需要决定在某地区进行草原修复工作，可以建立一个优化模型，输入各地区的草原退化程度、修复成本、预期效益等信息，最终模型会输出一个最优的修复策略。

值得注意的是，决策分析需要深度的业务理解和广阔的视角。例如，草原保护的目标不仅是保护生物多样性，还是包括保护人类的利益，如放牧、草药采集等。因此，在进行决策分析时，需要充分考虑到这些复杂的因素。决策分析在草原"一张图"管理平台建设中发挥了重要的作用。人们可以根据实时、准确的数据，采用科学的方法，制定出符合草原现状、未来趋势和人类需求的最优策略。

第二节　完善草原调查监测体系

一、草原调查监测的发展历程

从 20 世纪 80 年代至今，已经成功进行了四次全国性的草原调查。首次全国性草原调查在 20 世纪 80 年代由原农业部发起，着重探明草地资源的面积分布，并对县级草地的类型、等级等状况进行了深入的研究。第二次全国草原调查，在 2017 年至 2018 年进行，在原农业部畜牧业司的引导下，全国范围内开展了"草地资源清查"。在这次调查中，重点关注的是草地资源等级、退化程度以及草地沙化和石漠化情况。第三次全国性草原调查，由自然资源部于 2019 年实施，主要采用的是综合植被覆盖指数，这是针对草原资源专项调查的新尝试。2022 年，自然资源部、国家林业和草原局开展了全国森林、草原、湿地调查监测工作。

早期，我国草原调查主要侧重获取基础的草原资源信息，如草地面积、类型等。随着我国经济社会的快速发展和环保观念的提升，草原调查的重点逐渐转向了环境问题，如草地的退化、沙化和石漠化等。到了近期，草原调查不仅需要全面掌握草原资源的基础信息，还要进行深度的研究，以获取草原生态系统的综合指标。在这个过程中，无论是调查的手段还是目标，都在不断地变化和发展，展现出了我国草原资源建设工作的历史进程。

通过多次草原资源调查，人们对草原的认识日益深入，对草原保护的理解也更加全面。虽然已经取得了一些成绩，但必须认识到，草原资源相关工作仍然面临着许多挑战，如草地退化、气候变化等环境问题。因此，未来既要深化对草原的认识，也要加大对草原保护的力度，从而实现我国草原的可持续发展。

我国草原监测的工作自 20 世纪 90 年代起步，经历了 30 年左右的发展，这期间"3S"技术为草原监测的进行提供了有力工具。2003 年原农业部成功创建了草原监理中心，接着全国各地在地方政府和科研机构的协助下，纷纷建立了草原监理总站，这标志着我国草原监测步入了全新的阶段。

2005 年，我国发布了首份国家层面的草原监测报告，此后连年发布，彰显了我国草原监测工作的成果和连续性。草原监测工作在此期间初步形成了一定规模，并开始施行年度监测机制。

然而，在当前形势下，草原发展还面临着新的任务和压力，草原监测机制需要进一步强化和完善。按照自然资源部调查监测司和中国地质调查局自然资源综合调查指挥中心的统一部署，在已经获得最新草原面积分布数据的基础上，要更加关注草原类型、草原植被覆盖度、生物量、优势草种以及生境状况的调查等。

在此基础上，要采用地面调查和遥感监测结合的方式，通过测算草原资源的综合植被覆盖度与生物量指标，获取综合调查成果。这些调查数据有助于全面了解草原资源及其动态变化，为强化草原资源保护、实施生态修复、进行草原开发利用监管、推动草原领域生态文明体制改革以及生态文明建设，提供必要的数据支持。

在进行草原资源调查的过程中，需要利用最新的科学技术和工具，如地面调查和遥感监测等。这些工具的应用将极大地提高草原资源调查的效率和精度。通过科学的方法和先进的工具，能够更准确地了解草原资源的真实情况，从而为草原资源的保护和管理提供有力的支持。

草原监测工作在保护我国宝贵的草原资源方面发挥了重要作用，也为生态文明建设提供了有力的支持。未来，需要继续深化草原监测的技术和方法，提高草原监测的水平和精度，以更好地满足草原资源管理和保护的需要，实现草原的可持续发展。

二、完善草原资源调查监测内容体系的措施

草原资源的调查监测，作为自然资源调查监测的专项之一，至关重要。它为评估草原生态系统的状态，确定草原生态保护修复工程的效果，推动草原保护以及持续高效利用提供了基础支持。现在，随着国家生态文明保护建设工作的不断深入，草原资源管理的重心已经转向了监测内容的分类，而监测的频率也已经超过了调查。因此，在新的时代背景下，如何进行草原资源的调查监测是一项有意义的任务。

结合过去的研究情况和国家的整体需求，对于草原调查监测的内容体系，需要从以下几个方面进行优化和完善。

第一，对草原资源的调查监测应更加全面和深入。需要从多个角度进行监测，包括草原的生物多样性、生态系统的稳定性、草原资源的利用效率等。这样才能全面了解草原资源的真实状况，为保护和管理草原资源提供准确的数据支持。

第二，在进行草原资源调查监测时，应采用科学的方法和先进的技术。例如，可以采用遥感技术、GIS技术、生态模型等进行草原资源的监测。这样不仅可以提高监测的效率，还能提高监测的精度。

第三，对草原资源的调查监测应具有持续性和稳定性。需要定期进行草原资源的调查监测，以跟踪草原资源的变化情况。同时，也需要保证监测结果的稳定性，以便准确地评估草原资源的状态和利用效果。

第四，对草原资源的调查监测应有一个明确的目标。需要明确调查监测的目的是评估草原生态保护修复工程的效果，还是推动草原的保护和持续高效利用。只有明确了目标，才能制定出合理有效的调查监测方案。

第五，在进行草原资源调查监测时，还需要考虑到地域性的因素。由于我国草原资源的分布具有很大的地域性，因此需要根据具体的地域条件，制定出合适的调查监测方案。

草原资源调查监测是一项重要的任务，需要从多个角度对其进行优化和完善，以提高草原资源调查监测的效果，为我国的草原资源保护和管理提供有力的支持。

（一）优化调查监测内容体系，构建草原调查监测的"四梁八柱"

目前，全国范围内草原监测点有200多个，数量并不充裕，且分布地域不平均，监测设施设备也比较落后。这些因素阻碍了草原监测工作的开展。为了从根本上解决这些问题，构建一套科学、规范的草原监测调查内容体系已经迫在眉睫。必须根据《中华人民共和国草原法》和《自然资源调查监测体系构建总体方案》的标准要求，让各部门在统一调查、评价、监测的基础上，努力加速新时期国家草原监测调查内容体系的建设。

首先，要有规范的草原调查监管体系。这样不仅会推动草原资源综合观测指标体系的发展，还可将其升级为国家战略性基础工程，从而获得国家重大专项资金的支持。建立一个科学、规范的草原监管体系，对草原的长期保护和管理有着不可忽视的重要性。

草原调查监管体系的标准化，能为草原监测工作提供稳定和统一的基准。这样的体系不仅可规范草原调查和监测工作的流程，还可提高其工作效率和准确性。通过全国范围内的统一标准和规范，可以促进草原监测工作的科学化，同时提高其精确度。此外，草原资源综合观测指标体系的建设，是草原监测工作的重中之重。该体系能够全方位、精确地反映草原资源的状况，为保护和可持续利用草原资源提供科学依据。研究和构建全面、科学的草原资源观测指标，有助于准确反映草原资源的真实状况。

其次，满足新时代草原生态系统监测评价需求是一个必须面对的挑

战，需要重新整理和优化草原调查监测内容指标，以更好地服务现代化
的草原管理建设。为了实现这一目标，必须借鉴其他自然资源，如林地、
湿地等的调查监测内容指标，充分利用宝贵的经验和知识。

重新整理草原调查监测内容指标，是为了更好地适应新时代草原生
态系统的监测需求。这样不仅可以提高监测工作的精度和效率，还有助
于更准确地了解草原生态系统的现状，为制定更为科学、有效的保护和
管理策略提供支持。另外，与林地、湿地等其他自然资源的调查监测内
容指标相结合，能够进一步优化草原调查监测内容指标。尽管草原、林
地和湿地的生态环境有所不同，但它们在生态监测和保护方面都有着共
通之处。可以从林地、湿地等资源的监测经验中借鉴和学习，以提升草
原监测工作的科学性和准确性。

进一步优化草原调查监测内容指标，不仅有助于提高草原管理的科
学性，还可为现代化的草原管理建设提供强有力的支撑。这也将为后续
的草原监测工作提供便利，提高工作效率，保证草原生态系统的可持续
发展。因此，重新整理和优化草原调查监测内容指标，是服务现代化草
原管理建设的重要一步，也是后续草原监测工作顺利进行的关键。

最后，草原所处的生态环境是多样的，这使得监测工作需面临更多
挑战。为了持续改进监测成果，有必要按照具体现状制定科学和规范的
调查监测标准。因此，对草原调查监测内容指标体系的优化显得尤为紧
迫。针对每一种具体的生态环境，草原调查监测标准应具备灵活性和可
适应性，以便更准确地评估草原生态系统的健康状况。

考虑到草原生态环境的多样性，制定和实施具有针对性的科学和规
范的草原调查监测标准是持续改进草原资源管理的必然要求。各地的草
原生态环境因地理、气候等因素差异而不同，这导致了草原生态系统的
结构和功能在空间上存在巨大的差异。因此，要根据具体的生态环境制
定相适应的草原调查监测标准。

为了推动草原资源的可持续管理、改进监测的效果，需要根据实际
情况制定科学规范的草原调查监测标准。这就需要从细节出发，结合草

原生态系统的复杂性和多样性，建立一套科学的、规范的、具有实用价值的草原调查监测内容指标体系，以满足草原资源保护和管理的需求。

新时期草原调查监测内容体系的构建要与新时期生态文明建设相融合，在不断继承与创新的过程中构建草原调查监测的"四梁八柱"。① 如图 7-1 所示。

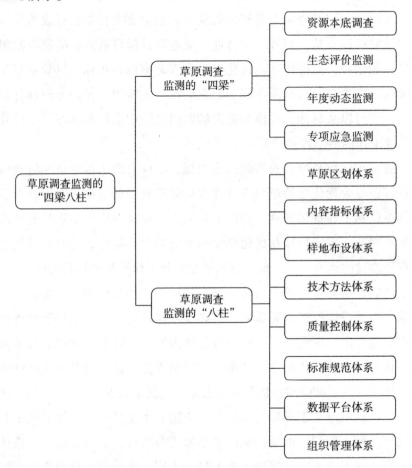

图 7-1　草原调查监测的"四梁八柱"

---

①　唐芳林，周红斌，朱丽艳，等 . 构建林草融合的草原调查监测体系 [J]. 林业建设，2020，38（5）：11-16.

1.草原调查监测的"四梁"

草原调查监测的"四梁"包括：资源本底调查、生态评价监测、年度动态监测和专项应急监测。

（1）资源本底调查。草原调查监测中的资源本底调查是一项核心工作，关乎整体监测系统的科学性、准确性与有效性。该工作主要涵盖了草原生态系统的各个方面，包括土壤、植被、水源等关键要素的系统性研究。

本底调查是草原调查监测的基础工作，为分析整个草原生态系统提供基础数据。通过详细、深入、全面的研究，了解草原资源的数量、类型、分布情况，了解草原生态系统的物理、化学、生物等各方面特性。

草原的资源本底调查主要是通过系统地收集、整理和分析草原生态系统的基础数据，以获得草原资源的基础情况。这些基础数据包括土壤类型、植被分布、水源条件等关键要素，可以为草原的资源评估、监测和管理提供科学依据，也可为了解草原生态系统的动态变化提供数据支持，以便在草原资源的保护和利用中做出科学决策。

（2）生态评价监测。草原调查监测中的生态评价监测是评估草原生态系统健康状况和稳定性的重要环节。此项工作涉及对草原生态系统各项指标的全面、深入、系统监测和评估，可确保草原生态的持续健康发展。

草原生态评价监测的核心目标是获得草原生态系统的全面、准确、科学的数据，以支持对草原生态健康和稳定性的定量和定性评估。此类数据涵盖了草原生态系统的多个方面，如土壤质量、植被覆盖率、物种多样性、水源状况等关键指标。

生态评价监测工作的核心任务是进行数据的收集、整理和分析，具体包括对草原生态系统的关键指标进行长期、定期的监测，收集相关数据，然后通过科学的方法和模型进行整理和分析，以获取对草原生态系统健康状况和稳定性的准确评估。

草原生态评价监测的另一重要任务是对监测结果的解读和应用。通过对收集的数据进行深入分析和解读，可以得到关于草原生态系统健康状况和稳定性的重要信息。这些信息可以用于指导草原的管理和保护工作，为草原生态的可持续发展提供科学依据。

（3）年度动态监测。草原调查监测中的年度动态监测是一个至关重要的环节，这种监测方法以时间序列为基础，关注草原生态系统的变化和趋势。该过程对草原生态健康和草原管理有着深远影响，因为只有了解生态系统的变化趋势，才能够做出科学的管理决策。

年度动态监测主要侧重监测和评估草原生态系统的关键指标，这些指标可能包括但不限于：植被覆盖度、生物多样性、土壤质量、水源状况等。另外，此类监测活动还包括对草原生态系统中的关键过程，如能量流动、物质循环等的观测。

实际数据的获取主要通过现场采样、遥感监测和其他科学的方法实现。年度动态监测活动须定期进行，这样才能够在时间轴上连续跟踪草原生态系统的变化，以便在出现不利变化或者异常情况时，能够及时进行干预和调整。

对于采集到的数据，需要通过科学的数据分析方法，如统计分析、趋势分析、关联性分析等，进行详细分析，以了解和解释草原生态系统的动态变化。数据分析涉及多个不同的环境和生态变量，以及它们之间的相互作用。

年度动态监测的结果具有很高的应用价值，可以为草原管理决策和保护提供依据。同时，这些数据也可以为草原生态系统的科研工作和教学活动提供丰富的信息资源。

（4）专项应急监测。草原调查监测中的专项应急监测是一个重要环节，该类型监测致力解决突发性的草原生态环境问题。面对草原生态系统短期内遭受的大规模破坏，如大范围草原火灾、草原生态病虫害暴发、过度放牧造成的草原退化等，专项应急监测能及时、准确地评估这些突发事件对草原生态系统的影响。

专项应急监测活动主要对事件发生区域的生态环境状况进行详细的

调查与分析，具体包括但不限于对植被结构、物种多样性、土壤质量、水资源状况等进行深入研究，以获取事件对草原生态系统影响的详尽信息。

此类监测以快速反应为基础，采用现场调查、遥感监测等多种方法来收集数据。对收集的数据进行科学处理和分析，得出事件对草原生态环境的具体影响程度，以及可能的恢复途径。这些数据信息能够为决策者提供依据，以便采取及时的干预措施，减少事件对草原生态系统的破坏。

特别值得注意的是，专项应急监测在实施过程中，需要充分考虑草原生态系统的复杂性和多元性。不同的草原生态系统可能会对相同的事件有着不同的反应，因此对于监测活动，应根据不同的草原类型和环境条件进行个性化设计和实施。

专项应急监测所收集的数据并不是一次性的，需要定期更新，以便追踪草原生态系统恢复的进程，评估恢复策略实施的效果，提供必要的调整建议。

草原调查监测中的专项应急监测是针对突发性草原生态环境问题进行的一种特殊监测活动。它凭借自身的灵活性、及时性和科学性，为保护草原生态环境，促进草原生态系统恢复，提供了有效的工具和方法。

2.草原调查监测的"八柱"

草原调查监测的"八柱"包括：草原区划体系、内容指标体系、样地布设体系、技术方法体系、质量控制体系、标准规范体系、数据平台体系、组织管理体系。

（1）草原区划体系。草原调查监测中的草原区划体系是一个系统性的科学框架，对草原进行区域划分，可更有效地进行草原监测和管理。构建草原区划体系通常要考虑草原的生态特性、气候条件、土壤类型、植被结构以及人类活动等多方面因素。通过这一区划体系，科研工作者能够明晰各个区域的特性和相互关系，为保护和恢复草原生态系统提供依据。

草原区划体系涵盖了草原的各个层次，包括大尺度的生态区、生态子区，以及小尺度的生态站点。在每一层次中，区域的划分都有明确的指标和标准。例如，大尺度的生态区划分主要根据气候、土壤、地貌等大环境因素，而小尺度的生态站点划分则会考虑更具体的生态因子，如植被类型、土壤肥力、水源条件等。

　　草原区划体系为草原调查监测工作提供了清晰的框架。一方面，不同区域的草原因其生态特性的差异，需要采取不同的调查监测方法和技术。草原区划体系能够帮助科研工作者选择合适的方法进行调查和监测。另一方面，草原区划体系也能够使科研工作者更好地了解各区域草原的变化趋势和影响因素，为其制定草原保护和恢复策略提供科学依据。

　　草原区划体系也为统计和分析草原调查监测数据提供了便利。由于各区域具有一定的代表性，科研工作者可以通过比较不同区域的数据，探索草原生态系统变化的规律，制定有针对性的保护和恢复措施。

　　草原区划体系不是一成不变的，而是要根据草原生态系统的变化和科研需求的发展适时进行调整和更新。例如，随着全球生态变化和人类活动的影响，草原生态系统可能会发生一些新的变化，这就需要对草原区划体系进行修订，以反映这些新的变化。

　　（2）内容指标体系。草原调查监测中的内容指标体系在草原科研和管理工作中扮演了至关重要的角色，这一体系提供了一个系统化的框架，用以评估和跟踪草原生态系统的状态和变化。一套完善的内容指标体系需要涵盖草原生态系统的各个关键方面，包括气候、土壤、植被、动物群落和人类活动等多元因素。

　　在这样的体系中，每一项指标都具有其特定的意义。例如，气候指标，如温度和降雨量，可以反映气候条件和气候变化对草原生态系统的影响；土壤指标，如土壤类型、肥力和有机质含量，可以反映草原的生态生产力和土壤健康状态；植被指标，如植被覆盖度、植物物种多样性和生物量，可以反映草原的植被结构和生物多样性状态；动物群落指标，如物种丰富度、群落结构和种群动态，可以反映草原动物群落的健康状态和生物多样性；人类活动指标，如土地使用方式、人口密度和经济活动，可以反映人类活动对草原生态系统的影响。

在草原调查监测实践中，内容指标体系为科研工作者提供了一套科学的测量和评价工具，可帮助他们更准确地理解草原生态系统的状态和变化，为制定有效的草原保护和恢复策略提供科学依据。另外，内容指标体系也为科研工作者、政策制定者和公众提供了一个共享的科学语言，有助于提高草原科研和管理工作的透明度和互动性。

构建和优化草原调查监测的内容指标体系同时也是一项科学挑战，需要草原科研工作者不断探索和积累知识。在构建体系的过程中，科研工作者要明确每一项指标的测量方法和标准，对测量结果进行精确的解读和分析。此外，科研工作者还要定期评估和修订内容指标体系，以确保其能够有效反映草原生态系统的变化和科研需求的发展。

（3）样地布设体系。草原调查监测中的样地布设体系是草原生态研究和监测活动的重要组成部分，其目标是构建一套能全面反映草原生态系统多样性和动态变化的样地网络。样地布设体系的设计涉及多个重要因素，包括样地的数量、大小、地理分布、代表性和测量频率等。

在样地布设体系设计过程中，需要考虑草原的空间异质性，即在草原内部，生态条件和生态过程可能存在显著的空间变异。因此，样地需要覆盖草原的主要生态区域，如不同的气候区、土壤类型区和植物群落类型区。同时，样地的数量需要足够多，以反映草原生态系统的空间变异性和动态变化，而样地面积的大小则需要适应不同的生态测量指标，如植被覆盖度和物种多样性等。面积较大的样地可以反映草原生态系统的结构和过程，而面积较小的样地则更适合详细的物种级或个体级的生态研究。

样地布设体系的测量频率是另一个关键因素。草原生态系统的许多属性和过程，如植被生长和动物种群动态，可能会在季节和年度尺度上发生变化。因此，需要定期对样地进行测量，以捕捉这些动态变化。

在实施样地布设体系的过程中，需要制定详细的标准操作程序，包括样地的选择和标定、生态测量的方法和标准、数据的收集和存储等，旨在确保草原调查监测的质量和可重复性。

通过科学合理的样地布设体系，可以更准确地反映草原生态系统的状态和变化，为草原科学研究和管理决策提供科学依据。同时，样地布设体系的实施也可以增强草原科学研究的可比性和协作性，推动草原科学的发展。

（4）技术方法体系。草原调查监测中的技术方法体系是草原生态系统研究的重要支撑，该体系包括多种野外观测、实验室分析、遥感技术和数学建模等方法，旨在全面而准确地了解和评估草原生态系统的状态和变化。

野外观测是草原调查监测的基础，包括植被覆盖度、物种多样性、生产力、土壤属性等多种生态指标的测量。野外观测需要科学的设计和严格的标准操作程序，以确保数据的质量和可比性。

实验室分析是对野外采集的样品进行详细分析的方法，包括土壤营养元素、植物化学成分、微生物群落结构等多种指标的测量。实验室分析能提供精确的测量结果，为草原生态研究提供重要数据。

遥感技术是通过卫星或无人机获取草原生态系统大尺度信息的重要手段，如植被指数、地表温度、土壤湿度等。遥感技术能提供连续、全覆盖的草原生态信息，是草原大尺度研究和监测的重要工具。

数学建模是通过构建草原生态系统的数学模型，对草原生态过程进行定量分析和预测的方法。数学建模可以揭示草原生态系统的内在规律和机制，为草原科学研究提供理论依据。

草原调查监测中的技术方法体系应具有系统性和综合性，能充分反映草原生态系统的多样性和动态变化。实际需要不断引入和发展新的技术和方法，提高草原调查监测的精度和效率。通过科学的技术方法体系，可以更好地服务草原科学研究和管理决策，推动草原可持续发展。

（5）质量控制体系。草原调查监测中的质量控制体系是确保监测数据准确、可靠和一致的关键。这一体系涵盖了各个监测流程的质量控制，包括样品的采集、处理、分析，以及数据的记录、验证、存储和发布等环节。

样品的采集和处理是质量控制的首要环节。样品采集应根据科学设计和标准操作程序进行，避免人为误差和环境干扰，保证样品代表性。样品处理应在条件允许的最短时间内进行，减少样品退化和污染，确保样品质量。

样品分析是获取数据的关键步骤。应严格按照科学方法进行分析，使用校准好的设备，避免误差和偏差，保证分析结果的准确性。同时，应定期进行质控样分析，对分析结果进行验证和质量控制。

数据的记录、验证、存储和发布是确保监测数据可用性和透明度的重要环节。数据记录应真实、准确、完整，避免遗漏和错误。数据验证应定期进行，且要通过复核和比对等方式，确保数据的一致性和准确性。数据存储应在安全、可靠的环境中进行，保证数据的完整性和安全性。数据发布应遵循开放、公平的原则，保证数据的公开性和透明度。

（6）标准规范体系。草原调查监测中的标准规范体系对草原保护与管理具有重要的指导性作用。为了提升草原调查监测的科学性、准确性和有效性，标准规范体系的建立显得至关重要。它涉及草原调查监测的各个环节，从调查方法、数据收集与分析，到结果报告及评估，都需要按照一定的规范进行。

制定草原调查监测技术规范，具体包括草原生态环境的定位、生态系统的划分、样地的选择、草原生态参数的测定等具体技术操作。例如，关于草原植被调查，需要明确被调查植被覆盖度、高度、生物量等参数的测定方法；对于草原土壤调查，需要明确被调查土壤类型、肥力等级、水分条件等参数的测定方法。

此外，数据收集与分析也需要有详细的操作规程，如数据的记录、整理、存储、检验等步骤，以及数据分析的方法、指标选择、结果解释等方面，都应有明确的规定。这样可以确保数据的一致性和可比性，有助于全面、准确地了解草原的生态状态和变化。

标准规范体系还应包括结果报告与评估的规定。结果报告应按照一定的格式和内容进行，确保信息的全面性和准确性；评估则需要有一套科学的评价体系，包括评价指标的选择、评价方法的确定等，以便对草原生态系统的健康状况进行准确评估。

（7）数据平台体系。草原调查监测中的数据平台体系是对草原环境及其生态系统进行科学研究、管理与决策的重要基础。该体系集成了海量草原数据，包括但不限于植被分布、生物多样性、土壤类型、气候条件、草原利用等多维度信息，同时也为数据分析、模型开发、预测预警等提供了技术支持。

构建草原调查监测的数据平台体系须满足多样性、完整性、实时性与普适性等基本需求。多样性体现为数据类型齐全，具体要涵盖从生态、气候到经济社会等各个方面的草原数据；完整性则要求数据来源广泛、采集频次高，确保数据的连续性与全面性；实时性要求关注数据更新频率，需在满足精度的前提下尽快进行数据刷新；普适性则强调数据平台体系应具备良好的可扩展性与兼容性，能够接入各类草原数据，以满足多元化的需求。

该数据平台体系需设立严谨的数据质量控制机制，确保数据的准确性与一致性。实际对于数据源的核查、数据采集的标准化、数据清洗与验证等程序，需要进行细致的规划与执行。此外，为了有效利用这些数据资源，还须开发一系列的数据分析工具和模型。比如，利用 GIS 技术对草原空间分布进行精细化管理，运用统计模型对草原生态系统的变化进行预测，或者构建生态评价模型，实现对草原健康状况的量化评估。

数据平台也须提供给用户友好的数据访问与查询服务，使研究人员、决策者、公众等方便获取和使用数据。这包括数据下载、在线查询、数据可视化等多种形式。

草原调查监测中的数据平台体系为草原科研与管理提供了强有力的支持，是推进草原科学发展、促进草原可持续管理的重要工具。未来，随着信息技术的进步，该数据平台体系将有更大的潜力和发展空间。

（8）组织管理体系。组织管理体系是草原调查监测工作的核心组成部分，其目的在于实现科学的调查监测，有效地对草原资源进行合理利用和保护。

组织管理体系的构建应遵循逻辑性、合理性和效率性的原则。逻辑性体现为体系构建需要明确的目标定位、分工明确的机构设置，以及科学的工作流程设计。合理性强调在资源配置、任务分配等方面实现公平、公正、适度，确保各方面的权益得到保障。效率性则追求在组织管理中提高工作效率，减少不必要的延误和误差，提高工作质量。

组织管理体系应包括多个层次的组织结构，包括决策层、执行层和支持层等。决策层主要负责确定调查监测的总体策略和方针，对执行层的工作进行指导和监督。执行层负责实施调查监测工作，包括样地布设、数据采集、数据分析等。支持层则为调查监测工作提供技术、人力、物力等支持。

在组织管理体系中，还需要设立明确的职责和权力分配机制，保证每一个角色都明确自己的职责范围，并对其负责。同时，也需要设立合理的激励机制，鼓励员工积极参与，提高工作积极性和效率。为了保证工作的顺利进行，组织管理体系还需建立完善的通信机制和决策制度。通信机制保证了信息的及时、准确、全面传递，有利于提高工作效率，减少误差。决策制度则保证了在面临复杂问题时，能够迅速进行决策，避免拖延。

组织管理体系的建立和完善，对于实现草原调查监测的科学化、规范化、系统化具有重要意义。通过高效的组织管理，可以提高调查监测的工作效率，保证工作的质量和效果，为草原资源的合理利用和保护提供强有力的保障。

草原资源基本情况监测内容包括草原类型、草原数量、草原质量、草原结构和草原功能五个方面，如表7-1所示。①

---

① 吴恒，罗春林，朱丽艳，等.基于土地利用调查成果的草原资源监测技术研究[J].安徽农业科学，2021，49（20）：80-83.

表7-1 草原资源基本情况监测内容

序号	监测内容	因子
1	草原类型	分区类型、草原基本情况、利用方式等
2	草原数量	面积、草产量（植物鲜重、植物风干重）等
3	草原质量	植被覆盖度、草群平均高度、草原退化类型、草原退化等级等
4	草原结构	主要植物种、草原权属（国有和集体）、起源（原生、次生、改良、人工等）、植被结构等
5	草原功能	涵养水源、固沙防风、生物多样性保护、固碳释氧、水土保持等

可结合研究需要并继承以往的调查成果，有针对性地进行草原生态环境监测、草原自然灾害监测、草原生态工程监测及效益评价、草原碳汇等单独的专项调查监测，以适应现代草原监测的需求，如图表7-2所示。

表7-2 草原资源专项调查监测内容

序号	监测内容	内容
1	草原生态环境	草原水源、土壤、气候、生物环境和草原三化的基本情况
2	草原自然灾害	监测雪灾、旱灾、火灾、鼠灾、虫灾等自然灾害发生的时间、地点、面积范围和受灾程度
3	草原生态工程	掌握各类草原生态工程的类型、面积、分布格局、时间和建设内容，并对产生的效益进行评估
4	草原碳汇	草原碳储量 = 地上部分 + 地下部分 + 土壤 + 枯落物碳储量

（二）创新研究方法技术

1."天、空、地、网"一体化监测

在继承传统方法的同时，须积极引入新理论、新方法和新技术，针对草原不同类型、指标内容和监测环节，细化适应其特性的科技手段，共同构建草原资源调查监测的科学技术方法体系。

草原调查和草原监测互为补充，相互渗透。调查的目的在于为"底图""底线""底板"的建立提供数据支持，为构建科学统一的国土空间生态管控体系打下坚实的基础。监测的目的在于对草原资源进行有效的管理和保护，从而促使山、水、林、田、湖、草多要素成为生命共同体。在这个意义上，草原调查是自然资源管理的基石，是全流程、全方位自然资源管理的基础；而草原监测则是常态性工作，它关注的是未来的发展方向。[①]

科学技术的发展和创新为草原资源的调查监测带来了新的机遇和挑战，提供了更高效、更精确、更科学的手段和方法。未来的草原资源调查监测将更加重视科学方法的运用，同时也将更加关注科学研究和实践的结合，为草原资源的保护和合理利用提供科学依据，促进草原资源的可持续发展。

目前常规的草原调查方法主要为地面调查方法，即合理选择样地和调查路线，之后使用随机抽样的方法确定调查样方，最后用 GPS 进行精准定位[②]，主要调查内容包括草原基本信息、立地因子、管理因子、测草因子、生态状况因子和其他因子六个部分，如表 7-3 所示。

---

① 崔巍.对自然资源调查与监测的辨析和认识 [J].现代测绘，2019，42（4）:17-22.

② 杨红梅.甘肃省草原资源野外调查方法与技术流程研究 [J].甘肃畜牧兽医，2018，48（9）：77-80.

表7-3 草原资源地面调查主要内容

序号	监测内容	内容
1	基本信息	11项:省（自治区、直辖市）、县（市、旗）、乡（镇）、村、林地、草地、草班、草原小班、纵坐标、横坐标、草原面积
2	立地因子	7项:海拔、地形地貌、坡向、坡度、坡位、土壤类别、土层厚度
3	管理因子	6项:草原分区类型、草原种类、草原基本信息、草原利用方式、草原权属、草原使用权
4	测草因子	11项:植被结构特征、草地类别、草地型、起源、植被盖度、草地产量、草干重、可食草产量、可食草干重、草原分等、草原级别
5	生态状况因子	2项:退化类型、退化等级
6	其他因子	调查的人员、调查的日期、备注

在新的技术手段和方法的引导下，草原资源调查观测技术正迈向多源、多方位、自动化、立体化的新阶段。[①]多维度的立体化观测网络体系，结合"天、空、地、网"一体化的视角，无疑将大大提高草原资源调查监测的精准度和实效性，成为新时期草原资源监测的重要研究方向。[②]

在现代草原资源调查监测中，"天、空、地、网"一体化监测技术得到广泛应用。其中，"天"主要代表卫星遥感监测，"空"主要指无人机遥感监测，"地"则涵盖地面观测，包括定位观测和人工固定样地观测。在一些特定情况下，还会涉及地下水井的研究，构成"天、空、地、井"的综合模式。

随着遥感卫星的数量稳步增加，以及"互联网+"、大数据平台地理信息系统等一系列新兴技术的快速发展，监测数据的光谱和时空分辨率

① 张建辉，吴艳婷，杨一鹏，等.生态环境立体遥感监测"十四五"发展思路[J].环境监控与预警，2019，11（5）：8-12.
② 付晶莹，彭婷，江东，等.草地资源立体观测研究进展与理论框架[J].资源科学，2020，42（10）：1932-1943.

日趋精细，实现了模块化处理，提高了数据分析的效率。在全球范围内，包括美国、英国和中国在内的许多国家，都在积极深入研究和应用激光雷达、无人机、高光谱等多种遥感技术。

我国在这方面的探索尤其值得关注。在 2020 年，我国首次将无人机技术与地面调查相结合，进行森林生态系统评估。这一创新实践在有效提高森林资源调查监测效率的同时，也为草原资源的调查监测提供了新的参考和启示。

这种一体化监测技术的出现，极大地提高了草原资源调查监测的效率和精度，使草原资源的现状评估和动态变化监测都变得更为准确和便捷。"天、空、地、井"一体化模式下的卫星遥感监测、无人机遥感监测、地面观测以及地下水井研究等多维度的观测方法，为草原资源调查监测带来全新的理念和方法，有助于更全面、更深入地了解和把握草原资源的真实情况。

2. 新技术手段

在新的技术背景下，草原资源调查监测工作需要跟上时代的步伐，全面提升技术水平和工作效率，不断探索和利用新的科技手段，以应对复杂多变的生态环境，保护和利用好珍贵的草原资源，为全面建设生态文明、实现绿色发展提供科学依据和技术支持。

近红外光谱、高光谱检测技术、光谱成像技术以及近地遥感技术等先进的技术手段①，在草原资源的调查监测中发挥着重要的作用。这些技术具有数据获取准确、解析精细的优势，有助于对草原资源进行深度勘测和细致评估。利用这些技术，可以开展针对草原生态系统功能价值的评估研究，为草原保护和可持续利用提供科学依据。②

（1）无人机遥感技术。在我国，鉴于海量遥感数据集的存在，对先

---

① 冯琦胜，殷建鹏，杨淑霞，等.草层高度遥感监测研究进展[J].草业科学，2018，35（5）：1040-1046.

② 廖小罕，师春香，王兵.从无人机遥感、数据融合、生态价值：谈自然资源要素综合观测体系构建[J].中国地质调查，2021，8（2）：4-7.

进的技术方法的深入学习显得尤为重要。基于第三次全国国土调查成果，要坚定以卫星遥感监测为主要手段，辅以"遥感＋地面"，进行点面相融的全方位覆盖。这样的技术手段，有助于草原资源专项调查更加精准、全面地反映草原资源的真实情况。

无人机组网遥感观测和倾斜摄影测量等技术的发展和应用，极大地推动了自然资源监测的三维数据库建设。无人机遥感可以对地面进行低空高分辨率的监测，得到的数据既有空间分布信息，又有时间变化信息，可以对草原资源进行定量、定位和动态的监测。

尽管无人机遥感技术在我国起步较晚，但近年来，这一领域已经成为科研和应用的热点。[①]

通过无人机遥感得到的数据产品为草原动态监测提供了强大的技术支持。无人机能够快速、准确地获取草原的空间分布信息和动态变化情况，为草原生态系统的动态监测提供新的可能。利用这一技术可以实时监测草原的生态环境变化，为草原保护和管理提供依据。

在草原生态安全评估方面，无人机遥感可以提供高分辨率、高精度的草原资源和环境信息，为草原生态安全的评估提供数据支持。通过对无人机遥感数据的深入分析和处理，可以对草原生态系统的健康状况进行准确评估，为草原生态安全管理提供依据。

草地生物量估算是草原资源管理的重要任务之一，通过无人机遥感技术可获取草原植被的光谱信息，以精确估算草地生物量，为草地资源的合理利用提供科学依据。

牧草产量评估是草原管理的重要环节，通过无人机遥感技术可以获取草原植被的高分辨率影像，进而结合生物量估算模型，准确评估牧草产量，为草原资源的合理开发利用提供科学依据。

无人机遥感技术在草势生长预测及净初级生产力（NPP）反演方面也有广泛的应用。通过对草原植被的光谱信息进行深入分析，可以预测

① 李凤贤.无人机技术在草原生态遥感监测中的应用与探讨[J].测绘通报，2017，63（7）：99-102.

草势生长情况，反演草原的净初级生产力，为草原生态系统的管理提供科学依据。

无人机遥感技术在草原生物灾害预测预警、航空植保等方面也展现出了巨大的潜力。通过实时监测草原的生态环境变化，可以及时发现和预警草原生物灾害，为草原生态保护提供技术支持。

只有充分利用先进的技术手段和大数据资源，综合运用卫星遥感、无人机遥感和地面观测等多种监测手段，才能真正实现草原资源调查监测的全方位、多角度、深层次目标，从而为我国的草原资源保护和可持续利用提供更科学、更准确、更实时的数据支持和决策依据。

（2）卫星遥感技术。在草原资源"天、空、地、网"一体化观测中，构筑了一种全方位、全时空覆盖的观测体系，充分融合了卫星遥感、无人机遥感以及地面实地观测等多源数据，实现了从空间到地面，从遥远到近处的连续性监测。这种技术手段对于新时期草原信息化、科学管理化和生态系统一体化耦合关系研究具有至关重要的价值。

卫星遥感提供了宏观尺度下的草原信息，能够长期、连续、大范围地监测草原资源。无人机遥感则能在中小尺度范围内提供更高分辨率的草原信息，更细致地观测草原的变化。地面实地观测则为大尺度遥感数据提供了地面真实情况的反馈和验证，保证了监测结果的可靠性和精度。通过这种"天、空、地、网"一体化的方式，可以更全面、更精细地掌握草原资源的实时动态。

（3）高光谱遥感技术。近地高光谱遥感技术是一种利用地面或近地表面的传感器来收集反射或发射的光谱信息的技术，已经在草原生物量估测、草原种类识别、草资源化学成分组成估测等领域得到了广泛的应用。

利用近地高光谱遥感技术能够根据植被的反射光谱特性，估算出植物的生物量。通过分析草原的光谱特征与其生物量的关系，可以建立精确的生物量估测模型，从而实现对草原生物量的准确估测。

在草原种类识别方面，近地高光谱遥感技术也具有显著的优势。由于不同种类的草原植物反射光谱特性的差异，可以通过对光谱信息的分析，实现对草原种类的精确识别。这对于草原生态系统的管理和保护具有重要的实际意义。

对草原资源的化学成分组成的估测，也是近地高光谱遥感技术的一个重要应用领域。通过分析植物的反射光谱特性，可以获得植物体内的化学成分信息，从而估算出草原资源的化学成分组成。这一技术的应用，为草原资源的合理开发和利用提供了重要的支撑。因此，近地高光谱遥感技术在草原资源调查监测中具有广泛的应用前景。①

随着科技的发展，高光谱遥感技术结合激光雷达在草原资源监测方面的应用日益受到重视。这种组合将激光雷达的精准测量和高光谱遥感的丰富光谱信息结合在一起，有望在草原资源调查监测中发挥更大的作用，为草原资源的管理和保护提供更为准确和全面的数据支持。

（4）激光雷达技术。激光雷达技术作为一种精准测量工具，在草地资源调查监测中的应用越来越广泛。此项技术最初被用以提取灌木冠层高度信息，如今随着科技的不断进步，激光雷达的应用范围已不仅局限于此。

在草原结构参数的提取中，激光雷达技术发挥了其独特的优势。植物冠层高度和植被覆盖度等关键参数的测量，均可借助激光雷达技术完成。这些精准的参数信息，为草原生态系统的评估和保护提供了重要的依据。另外，激光雷达技术的发展还催生了更高级的应用，如基于遥感参数的生物量估算模型。在此类模型中，激光雷达所提供的遥感参数用于估算草原生物量，从而初步实现对草原生物量的定量监测。这一重要的技术突破，对于草原资源的合理开发和保护至关重要。

在退化草原的恢复监测方面，激光雷达技术同样表现出独特的价值。基于草地结构参数和草原生物量理论，利用激光雷达获取草原结构参数、草原生物量以及地形地貌因子等信息，能够有效地实现对退化草原的监

---

① 周磊，辛晓平，李刚，等.高光谱遥感在草原监测中的应用 [J].草业科学，2009，26（4）：20-27.

测，从而为草原的恢复提供精准的指导。激光雷达技术还被应用于草地生物多样性的评估中。通过对草地生物的精准测量和分析，能够得到草地生物多样性的定量评估，这对于草原生态系统的保护和管理具有极其重要的意义。①

激光雷达技术在草原资源调查监测中的应用，既体现了现代遥感技术的发展和优势，也展示了其在草原生态保护和管理中的重要作用。未来，随着激光雷达技术的进一步发展和应用，期待其在草原资源调查监测中发挥更大的作用，为草原资源的科学管理和可持续利用提供更加准确和全面的数据支持。

（5）"3S"技术与地面调查相结合。在对草原资源的监测中，"3S"技术与地面调查的结合已得到广泛的认同。②地面调查为"3S"技术提供了基准数据，支持后期的精度验证，同时能弥补遥感技术在获取一些监测指标方面的不足。③这是因为尽管"3S"技术可以提供大尺度、连续性的遥感数据，但其分辨率有限，可能难以获取某些局部、细微的变化。因此，地面调查就显得尤为重要，它可以提供更精细、更细致的信息，有助于提高整体监测的准确性。

根据草原资源种类和气候分区，依托部分已有的监测点，可以构建一批野外长期定位观测研究站，这些研究站能够承担起长期连续的监测和年度资源清查任务。为了保障这些研究站的运行，需要组建一支稳定的专业队伍，长期驻守在野外观测站，进行草原生态系统监测和研究。④草原生态系统监测工作并非单一的任务，它涉及草原植被、气候、土壤、水文地质特征以及生物多样性等多方面的内容。因此，专业队伍需要具备广泛而深入的知识背景，能够有效地完成各类监测任务。同时，必须

① 李玉美，郭庆华，万波，等.基于激光雷达的自然资源三维动态监测现状与展望[J].遥感学报，2021，25（1）：381-402.

② 陈全功.中国草原监测的现状与发展[J].草业科学，2008（2）：29-38.

③ 谭忠厚，马轩龙，陈全功.基于"3S"技术与地面调查相结合的草原监测：以青海省黄南和海南地区为例[J].草业科学，2009，26（11）：25-31.

④ 王铁梅.我国草原资源调查的制度与方法思考[J].中国土地，2020（3）：39-41.

不断完善自动化监测设备和信息化传输通道的建设，以提高监测效率，减少人工工作量，并实时传输数据，为后续的数据处理和分析提供方便。

通过地面调查，可以有效地提升"3S"技术的效率和精度，使监测工作更加准确、实时。同时，利用预测模拟技术，可以预估草原的未来变化，从而做出更有前瞻性的决策。总体来看，地面调查在草原资源监测中扮演着重要的角色，是草原生态系统持续、健康发展的重要保障。

"天、空、地、网"一体化监测的实施，对于草原资源的管理和保护也具有重要意义。它能够让使用者更科学、更精确地获取草原植被信息，掌握草原资源生态系统的实时状况，同时也能对草原生态演变的动向进行准确预测，为草原资源的合理利用和持续保护提供科学依据。

从长远来看，"天、空、地、网"一体化监测技术不仅可促使草原资源动态实时更新，提升草原生态格局的安全性，而且也将进一步推动草原科学管理的进程，助力草原生态系统的健康发展。

（三）构建一体化平台，实现数据共享

大数据中心在草原资源管理中扮演着越来越重要的角色。大数据中心不仅提供了丰富、多样化、时效性强的数据，还可通过对大数据的深度挖掘，对草原生态系统的动态变化进行全面、精准的监测。

构建一体化平台系统的核心是数据汇聚、管理、专题应用和共享服务。数据汇聚是指将各种来源的草原资源数据汇集在一起，形成一个完整的数据集。管理则是对这些数据进行清洗、格式化、存储和保护，确保数据的质量和安全。专题应用是将这些数据用于具体的研究课题，如草原生态系统的生物多样性研究、草原植被覆盖度变化研究等。共享服务则是将数据开放给其他研究机构或个人使用，以促进数据的二次利用和科研成果的交流。

自然资源部"一张网"、"一张图"和"一个平台"的建设，是一体化平台系统的重要组成部分。"一张网"指的是构建一个全国统一的、无缝连接的自然资源信息网络；"一张图"指的是构建一幅全国统一的、多尺度的、多要素的自然资源图；"一个平台"指的是构建一个全国统一

的、共享的、开放的自然资源信息服务平台。这些构建工作的目标都是实现自然资源的统一管理和服务。

通过充分利用一体化平台系统，可以充分研究分析已有的监测数据，科学产出重大的咨询研究报告、资源评估报告等有影响力的成果，丰富草原调查监测成果产品形式。通过制作工作简报、自然资源公报等通俗易懂的监测产品，可提升监测研究的社会影响力。

全方位提高"互联网 + 实时监测"的能力，是实现草原资源管理现代化的重要途径。一方面需要结合物联网技术，将草原上的各种传感器、无人机等设备连接起来，形成一个监测网络，以实时获取草原资源的各种信息；另一方面需要利用信息网络爬虫等科学技术手段，从互联网上获取关于草原资源的各种信息，如草原火灾、草原病虫害等突发事件的信息。

自然资源监测平台的开放和可扩展性，使数据可以以更高效、更透明的方式服务于各相关行业，为公共利益提供保障。这样的平台，与野外观测数据的实时对接，可以为农业、环境保护、规划等多个领域提供综合性的数据服务。

成果数据共享并不是简单地公开数据，而是要科学合理地制定成果数据共享机制，数据的获取、整理、发布、使用等各个环节都需要有明确的规则和流程，以确保数据的质量和安全。

调查监测数据共享也需要考虑到各部门对数据的需求。各部门的数据需求可能因业务内容、工作特性等因素而有所不同，数据共享服务要使数据能够在各个部门得到有效应用。

数据共享服务也为政府的管理、研究、决策提供数据支撑。无论是制定政策、还是进行科研，都需要依赖精确、及时、全面的数据。数据共享服务使得各部门可以方便地获取所需数据，进而提高工作效率，提升工作质量。

实现"我家有数据，大家一起用"的调查监测应用新模式，是数据共享服务的目标。这一模式鼓励数据的共享和开放，促进了数据的高效利用，为国家生态文明建设和自然资源管理提供了数据、平台和技术支撑。

第三节 构建完整的草原调查监测网络

一、在技术层面构建草原调查监测网络

要完整构建实时大数据调查监测网络，先要对现有的林业和草原监测网络进行优化，促进林业与草原调查监测网络相互融合，构建"空间技术＋无人机＋地面"立体监测网络，进而实现草原"天、空、地、网"一体化监测。具体来说，可以从四个方面展开实际工作，如图7-2所示。

图7-2 技术层面构建草原调查监测网络

（一）林业和草原监测网络的优化

在林业和草原管理中，现有的监测网络对于确保生态平衡，促进可持续发展至关重要。对现有监测网络的优化需要全面评估其效能和功能，找出改进点，如数据收集和分析的准确性，以及网络覆盖的广度和密度。具体可从以下五个方面开展工作。

1.监测网络在生态平衡与可持续发展中的重要性

林业和草原监测网络是评估和维持生态平衡的关键工具。它们提供了大量数据，帮助科研工作者和决策者了解生态系统的当前状态和变化趋势，如植被覆盖度、物种多样性、土壤和气候条件等。对于推动可持续发展，这些数据是必不可少的，它们有助于制定科学的资源管理策略，预防生态环境恶化，并评估现行政策的效果。

2.对现有监测网络进行全面评估

优化林业和草原监测网络的第一步是全面评估现有网络的性能。评估应包括监测数据的质量、数据收集和分析的效率、监测设备的功能性和耐用性、监测站点的分布与监测项目的设计等方面。评估结果将揭示网络的优点和不足，为后续的优化工作提供明确的指导。

3.改进数据收集和分析的准确性

数据收集和分析是监测网络的核心工作，其准确性直接影响到网络的性能。改进的方法包括采用更高效的数据收集设备，如无人机和遥感设备，使用更精确的分析方法，如机器学习和大数据分析，以及提高工作人员的专业技能等。

4.扩大监测网络的覆盖范围

优化监测网络还需要扩大其覆盖范围，以获取更全面的生态信息。这需要在空间布局上进行调整，增设新的监测站点，或者采用移动监测设备等方式。同时，考虑到不同地区的生态条件和资源情况，监测项目和方法也需要进行相应的调整。

5.增加监测网络的密度

在保证覆盖范围的同时，增加监测网络的密度也是优化的一部分。更高的监测密度可以提供更细致的数据，帮助捕捉更多的生态变化和细微差异。实现这一目标的方式包括增设小型监测站点，或者利用现代通信技术，如物联网和云计算，进行实时、高频率的数据收集和处理。

（二）林业与草原调查监测网络的融合

考虑到林业和草原的紧密联系和互动性，促进林业与草原调查监测网络的相互融合将提高监测工作的效率和精度。网络融合可以通过技术升级和优化实现，如通过升级数据管理系统，实现数据共享和互通。

1.林业与草原的紧密联系和互动性

森林与草原是地球生态系统的重要组成部分，两者之间有着密切的联系和互动。在自然生态系统中，森林与草原通常在地理和气候条件上相互过渡，影响着地表温度、水文循环、生物多样性和土壤质量等重要生态指标。另外，人类活动，如农业、牧业和林业管理，也会导致森林与草原的转化和互动。因此，使林业与草原的监测网络相互融合，将有助于人们全面了解和保护这两种重要生态系统。

2.提高监测工作的效率和精度

通过融合林业与草原的监测网络，可以更有效地利用监测资源，提高监测工作的效率。例如，可以在相邻的森林和草原地区设置共享监测站点，或者使用同一种监测设备和方法收集和分析数据，以减少重复投入和工作。同时，由于森林与草原在生态上的相互关联，相互融合的监测网络能够提供更完整和精确的生态信息，提高监测和管理精度。

3.技术升级和优化促进网络融合

想要促进林业与草原监测网络的融合，需要进行技术升级和优化。这包括升级监测设备，以提高数据收集的效率和质量；优化数据管理系统，以实现数据的共享和互通；使用先进的数据分析方法，如机器学习和大数据技术，以提取更深层次的生态信息。这些技术升级和优化不仅能够促进监测网络的融合，还可提高监测能力和效果。

4.数据管理系统的升级促进数据共享和互通

数据是监测工作的基础，管理好数据是提高监测效率和精度的关键。因此，需要升级数据管理系统，促进林业与草原监测数据的共享和互通。这需要专业人员开发新的数据平台和接口，以便于不同的监测网络之间进行数据交换；也需要专业人员制定统一的数据标准和格式，以便于数据整合和分析。通过这些努力，可以最大限度地利用已有的监测数据，提高人们对森林和草原生态系统的了解和保护。

（三）"空间技术＋无人机＋地面"的立体监测网络的构建

1.空间技术在立体监测网络中的应用

空间技术，尤其是遥感技术，可为监测网络提供广阔的视角和连续性的数据源。通过卫星遥感，可以在全球、国家、地区等各种尺度上进行监测，获取植被覆盖、地表温度、水体分布等多种环境信息。这种技术可以提供大范围连续的监测数据，是构建立体监测网络的重要基础。

2.无人机技术在立体监测网络中的应用

无人机（UAV）技术则在中小范围内具有很大优势。无人机能够进行低空飞行，获取高分辨率的影像数据。无人机监测可以填补卫星遥感和地面监测之间的空白，获取更加精细的环境信息，如植被的具体类型和状态、地形的详细特征等。因此，无人机技术在立体监测网络中起到了承上启下的关键作用。

3.地面技术在立体监测网络中的应用

地面技术，包括地面监测站和移动设备等，是获取最直接、最真实、最精细数据的重要手段。地面监测站可以提供连续、稳定的环境数据，如气温、湿度、风速、土壤含水量等。移动设备，如手持GPS和便携式传感器，可以在任何需要的地方进行监测，获取精细的位置和环境数据。这些地面技术提供了丰富的、精确的地面信息，为立体监测网络的构建提供了关键技术支撑。

4.构建立体监测网络的意义

"空间技术＋无人机＋地面"的立体监测网络，可以提供覆盖面广、分辨率高、频次快、信息量大的环境数据，其深度、广度和精度均优。这种网络能够更好地反映环境的真实状态和变化，提供更全面、更精细的决策支持信息。通过建立这样的立体监测网络，可以更有效地进行环境管理和保护,实现草原"天、空、地、网"的一体化监测,为草原的可持续发展提供科技保障。

(四)草原"天、空、地、网"一体化监测的实现

实现草原"天、空、地、网"一体化监测,需要建立完善的数据集成和分析系统,以确保各种监测数据的无缝集成。同时,需要构建智能化的预警和决策支持系统,以实现监测数据的高效应用。此外,还需要注重人才培养和团队建设,以保持一体化监测的持续运作。

1.数据集成和分析系统的建立

建立完善的数据集成和分析系统,是实现"天、空、地、网"一体化监测的关键。这个系统应包括多源数据的接入、存储、清洗、整合等模块,确保卫星、无人机、地面等多个层次的监测数据可以无缝集成。分析系统则需要包含数据分析、模型建立、结果解释等模块,使监测数据可以转化为有用的知识和信息。这个系统的建立,将大大提高监测数据的利用率和价值。

2.智能化预警和决策支持系统的构建

预警和决策支持系统是一体化监测的重要输出环节。通过实时或近实时分析监测数据,系统可以发出环境风险预警,帮助相关部门及时应对。通过深入挖掘和分析监测数据,系统可以为草原管理、保护、修复等决策提供科学依据。构建智能化的预警和决策支持系统,将大大提高一体化监测的实际效果。

3.重视人才培养和团队建设的重视

人是实现一体化监测的重要因素。需要培养一批具备数据处理、分析、解释等多方面技能的监测专业人才,也需要建立跨学科、跨专业的监测团队,包括遥感专家、生态学家、计算机科学家等,以应对监测工作的复杂性和多样性。只有有了优秀的人才和团队,一体化监测才能持续、稳定、高效地运作。

4."天、空、地、网"一体化监测的意义

"天、空、地、网"一体化监测,可以提供全方位、多层次、高精度的草原环境数据,为草原管理和保护提供强大支持。通过一体化监测,可以及时发现和预警环境风险,准确评估草原的健康状况,科学指导草原的利用和保护,为实现草原可持续发展提供重要保障。

二、多方全力构建草原调查监测网络

草原技术单位、科研单位、重点高校、社会力量等共同努力,可构建一个国家级固定监测站点作为示范,具体由省级固定监测样地作为主体,其他类型监测站点作为补充,如图7-3所示。

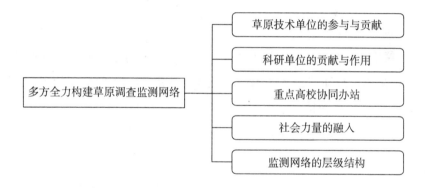

图 7-3 多方全力构建草原调查监测网络

(一)草原技术单位的参与与贡献

草原技术单位在调查监测网络的建设中扮演关键角色,提供专业的技术支持、设备维护和数据处理,负责将最新的技术创新应用到实际监测工作中,并不断提高监测数据的准确性和实用性。

1.提供技术支持

草原技术单位的技术支持至关重要。草原技术单位的工作人员对草原调查监测技术有深入的理解,能够解决监测过程中的技术难题。此外,他们可以在监测设备使用、数据收集等方面提供专业指导，保证监测工作的顺利进行。

2.设备维护的责任

草原技术单位负责监测设备的日常维护和定期保养。草原技术单位的工作人员要确保设备正常运行，防止设备故障影响监测工作。同时，他们会定期对设备进行升级和优化，提高设备的性能和稳定性。

3.数据处理的任务

数据处理是草原技术单位的重要职责。草原技术单位的工作人员对原始监测数据进行清洗、整理、分析等，提取有价值的信息，为决策提供支持。同时，他们负责建立和优化数据管理系统，保证数据的安全性和实用性。

4.技术创新的引领

草原技术单位是监测技术创新的引领者。草原技术单位的工作人员要关注最新的科研成果和技术动态，将创新技术应用到实际监测工作中，提升监测的效率和精度。他们的创新工作不仅包括技术层面，还包括理念和模式，可推动草原调查监测工作持续进步。

5.监测数据的准确性和实用性

草原技术单位致力提高监测数据的准确性和实用性。草原技术单位的工作人员通过优化数据收集方法、提升数据处理技术等方式，确保数据的精确性。同时，他们将数据与实际问题结合在一起，可提高数据的实用性，使数据真正服务于草原的保护和管理。

（二）科研单位的贡献与作用

科研单位的工作人员通常拥有丰富的研究经验和专业知识，可为监测工作提供理论支撑。同时，科研单位的工作人员还可以通过开展科研项目，为监测网络的建设和优化提供新的想法和方案。

1.理论支撑的提供

科研单位的工作人员具有深厚的理论知识和研究经验，他们对草原生态系统有深入的理解，能够为监测工作提供科学的理论支撑。理论支撑不仅包括对草原生态系统的理论研究成果，还包括监测技术、数据分析方法等方面的理论研究成果。这些理论研究成果是指导监测工作的重要依据，为监测工作提供了科学的指导。

2.科研项目的开展

科研单位能够开展相关科研项目，为监测网络的建设和优化提供新的想法和方案。这些科研项目可能涉及新的监测技术、新的数据分析方法、新的监测模型等。科研项目的开展，能够把最新的科研成果和创新思想应用到监测工作中，推动监测工作的开展。

3.专业知识的传播

科研单位的工作人员拥有丰富的专业知识，可以通过培训、讲座、出版物等，将专业知识传播给其他监测工作的参与者，提高整个监测网络的专业能力。这些专业知识的传播不仅能提高监测工作的效率，还能提高监测数据的质量。

4.合作网络的建立

科研单位有广泛的合作网络，可以联合其他科研单位、高等教育机构、政府部门等，共同进行监测工作。这种合作可以集合多方的优势，促进监测工作的开展。同时，合作网络也有助于提高监测工作的影响力，推动草原保护的理念和政策的传播。

5.科研成果的转化

科研单位有能力将科研成果转化为实际的监测技术和工具，这些科研成果可能包括新的监测设备、新的数据处理软件、新的监测方法等。科研成果的转化，能够直接提升监测网络的性能，提高监测工作的效率和精度。

（三）重点高校协同办站

重点高校通常具有丰富的研究资源和优秀的研究团队，可以通过合作办站，为草原调查监测网络的建设贡献力量，同时有助于培养新一代的草原监测专业人才。

1.研究资源的提供

重点高校拥有丰富的研究资源，包括科研设备、科研基地和研究资金等，这些资源可以为草原调查监测网络的建设提供重要支持。例如，科研设备可以用于监测数据的收集和分析，科研基地可以成为监测站点，研究资金可以用于购买设备、培训人员、开展研究等。

2.研究团队的参与

重点高校拥有优秀的研究团队，他们在草原生态系统研究、监测技术研究等方面具有深厚的专业知识和丰富的经验。研究团队可以参与监测网络的建设和施行，可以通过专业技能和经验，提高监测工作的效率和质量。

3.实践教学的机会

重点高校可以通过参与监测网络的建设，为学生提供实践的机会。学生可以在实际的监测工作中，应用所学的理论知识，增强实践能力。这样不仅可以提高学生的专业技能，还有助于培养他们的创新能力和问题解决能力。

4.新一代专业人才的培养

重点高校是培养新一代草原监测专业人才的重要基地。学生可以通过参与监测工作，深入了解草原生态系统，掌握先进的监测技术，培养科研素养。这些新一代专业人才将成为未来草原监测工作的主力军。

5.知识创新与成果转化

重点高校有能力进行科学研究，创新监测技术和方法，获取高质量的研究成果。这些研究成果可以转化为实际的监测工具和技术，为监测工作提供技术支撑。同时，高校也可以通过发布研究报告、撰写科研论文等方式，将新的知识和技术推广到更广泛的领域。

（四）社会力量的融入

社会力量，包括企业、社区和志愿者等，可以为监测网络的建设提供额外的支持，可以帮助进行一些基础性的数据收集工作，同时也可以在提高公众对草原保护意识方面发挥作用。

1. 企业的参与

企业是社会力量的重要组成部分，它们具有资金、技术和人员等丰富的资源，可以为草原调查监测网络的建设提供支持。企业可以提供监测设备，或者投资开发新的监测技术；还可以通过社会责任项目，如企业志愿者服务，参与到实际的监测工作中，进行数据收集、草原保护等。

2. 社区的作用

社区是草原保护和监测工作的重要基础。社区居民生活在草原附近，对草原的变化有直接的感知。他们可以参与草原的日常监测工作，收集草原的生态、气候等基础数据。同时，他们也可以通过日常活动，提升社区成员对草原保护的意识，形成良好的草原保护社区文化。

3. 志愿者的贡献

志愿者是草原监测工作的重要力量。他们可以通过参与数据收集、草原清理、环境宣传等活动，为草原监测网络的建设贡献力量。志愿者的参与不仅可以提高监测工作的效率，还有助于提高公众对草原保护的认识和参与度。

4. 公众宣传与教育

通过教育与宣传，可以提高公众对草原保护的认识，增强他们的环保行动意识。例如，可以通过媒体报道、公众讲座、环保活动等方式，宣传草原保护的重要性，让更多的人了解草原生态系统的价值，参与到草原保护中来。

5. 公众监督

社会力量也可以通过参与政策制定和公众监督，推动草原保护的政策和法规的实施。例如，他们可以参与公众听证会，提出草原保护的建议和要求；也可以通过公众监督，监督草原保护的执行情况，保护草原的权益。

（五）监测网络的层级结构

一个健全的草原调查监测网络应当包括国家级、省级和其他类型的监测站点，形成一个完整的层级体系。

1.国家级固定监测站点的作用

国家级固定监测站点是草原监测网络的重要组成部分，其覆盖的区域广大，数据采集范围宽，能够提供宏观的草原生态变化信息。它们负责采集和分析草原生态系统的大范围变化数据，如草原植被覆盖变化、气候变化影响等。此外，国家级监测站点也负责对监测网络的运行进行指导和监督，以保证网络顺利运行。

2.省级固定监测样地的角色

省级固定监测样地通常负责区域性的监测任务，它们的数据采集精细度更高，能够捕捉到更为细致的生态变化信息。它们对特定区域的草原生态进行监测，提供更具体的生态变化数据，如特定区域的草种分布、草原生态系统健康状况等。同时，省级监测样地也是监测网络中的重要组成部分，它们负责向上级监测站点报送数据，以便对草原生态系统的整体变化进行评估。

3.其他类型监测站点的贡献

其他类型的监测站点，包括临时监测站、移动监测站等，它们的设置更为灵活，可以根据实际需求进行调整。例如，对于一些特殊的草原生态现象，可以设置临时监测站进行专项监测。移动监测站则可以随时根据需要更换监测位置，覆盖更广的区域。它们提供的数据可以作为国家级和省级监测站点数据的补充，提高监测网络的全面性和灵活性。

4.监测网络的整体构建

构建完善的草原调查监测网络，需要科学的规划和设计，以便各级监测站点能够有效地协同工作。每个监测站点应有明确的职责和任务，建立有效的数据共享机制，保证监测数据的及时传递和处理。同时，监测网络的建设也需要考虑到资源的有效利用，如合理配置监测设备、合理分配监测人员等，以提高监测工作的效率。

第四节　创建草原监测管理信息平台

草原调查监测的信息化与智能化程度是决定监测效率和准确性的重要因素。目前，草原监测面临的一个主要问题是数据的复杂性和庞大量，这对数据处理和分析提出了很大的挑战。如果不能有效地管理这些数据，将无法从中获取有用的信息，从而影响对草原生态的理解和保护工作。

草原信息管理系统的缺乏，会使监测数据的整合和应用变得困难。有效的信息管理系统应该方便收集、整理和分析监测数据，使数据为草原管理和决策提供支持。没有这样的系统，监测数据就无法得到有效利用，草原的管理和保护工作就可能受到影响。

在线浏览的缺乏是另一个限制草原监测数据使用的因素。在线浏览可以让数据在收集后即时可用，这对于快速响应草原生态变化，做出相应的管理决策非常重要。如果不能实现在线浏览，监测数据的应用将会受到限制。

物联网、大数据、云平台、人工智能等高新技术在数据处理和分析方面有着独特的优势，能够极大地提高监测数据的应用价值。例如，利用物联网技术可以对设备进行远程控制，实时传输数据，利用大数据技术可以对庞大的数据进行高效处理，云平台具有强大的数据存储和计算能力，人工智能则可以通过学习和推理，自动提取数据中的有用信息。如果能够有效地利用这些技术，将极大地提高草原监测的效率和准确性。

因此，提高草原监测的信息化和智能化程度，建立有效的草原信息管理系统，实现监测数据的在线浏览，以及与高新技术的融合，是草原监测未来发展的主要方向。我国目前急需通过数据的收集采集、分析整理，建设草原监测评价数据库；通过数据的逻辑关系，结合草原管理业务，构建高度人机交互的草原监测管理信息决策平台。这将有助于更好地理解草原生态系统，为草原的管理和保护提供更有力的支持。

林草生态网络感知系统的建设是一次重要的机遇，可以显著改善草原管理的方式和效率。这个系统的目标是实现对草原生态的全面、实时和精确感知，为草原管理提供科学依据和决策支持。

草原监测管理信息平台的建设是构建林草生态网络感知系统的关键步骤。这个平台将集成各种监测数据，包括环境参数、生物资源、土壤条件等，形成一个全面的草原生态信息库。同时，通过高效的数据处理和分析工具，可以从这些数据中提取出有用的信息和知识，用于草原的管理和保护。

一、草原监测管理信息平台建设的关键因素

草原监测管理信息平台建设需要考虑以下几个关键因素。

（一）数据采集和管理

数据采集和管理是实现草原"天、空、地、网"一体化监测的关键，具有重要意义。

构建一个强大的数据采集系统是草原生态监测的核心任务。该系统需具备全面、准确、实时收集草原生态数据的能力。全面性意味着数据采集需要涵盖草原生态系统的所有重要生态要素，包括气候条件、土壤特性、生物多样性、生态过程等方面。准确性是确保监测数据质量的关键，只有准确的数据，才能为草原生态的研究、保护和管理提供真实的基础。实时性则意味着系统需要实时或者近实时收集和传输数据，以便快速响应生态变化，及时做出决策。

数据采集系统的建设不仅包括硬件设备的选择和布设，还包括数据采集方案的设计和执行。硬件设备的选择需要考虑设备的性能、稳定性和易用性，同时还需要考虑设备的耐候性和适应性，确保设备能在草原环境中长期稳定运行。数据采集方案的设计则要根据监测目标和需求，确定监测参数、监测点位、监测频率等要素，确保数据采集的有效性和高效性。

建立一个高效的数据管理体系是确保监测数据有效利用的关键。数据管理体系需要考虑数据的安全存储、快速访问和有效应用。安全存储意味着需要有稳定的存储设备和备份机制，防止数据丢失和损坏。快速访问则需要建立有效的数据索引和查询机制，使得用户能够快速获取所需数据。有效应用则需要提供丰富的数据服务，包括数据展示、分析、下载等，满足不同用户的不同需求。

数据管理体系的建设不仅包括数据存储和访问技术的选择和应用，还包括数据标准和协议的制定，确保数据的一致性和互操作性。此外，还需要建立完善的数据质量控制机制，保证数据的真实性和准确性。

数据采集和管理的任务十分繁重，需要依赖强大的技术和人力支持。因此，需要建立一支专业的技术团队，包括数据采集专家、数据管理专家、信息技术专家等，负责数据采集和管理的具体工作。同时，还需要引入外部的专业机构和专家，为数据采集和管理提供咨询和指导。

通过建立强大的数据采集和管理体系，可以确保草原生态监测数据的全面、准确、实时和有效，为草原生态研究、保护和管理提供强大的数据支撑。

（二）数据分析和应用

数据分析和应用是草原生态监测的重要环节，它将大量的监测数据转化为有用的信息和知识，支持草原生态研究、保护和管理。

数据分析需要引入先进的数据分析技术，如大数据和人工智能。利用大数据技术能够处理和分析大量的、多元的、高速产生的数据，从中发现数据的规律和趋势。它可以用于草原生态的多维度分析，包括空间分布、时间序列、生物多样性、生态过程等方面。利用人工智能技术能够从复杂的数据中提取出有价值的信息和知识。它可以用于草原生态的模式识别、预测模拟、决策支持等方面。

构建一个灵活的数据应用环境，使数据分析的结果可以用于草原管理的各个环节。数据应用包括数据的展示、分析、下载等服务，满足不同用户的不同需求。数据应用还要与草原管理的各个环节紧密结合，如生态评估、生态规划、生态修复、生态监管等，使数据分析的结果可以转化为具体的管理决策和行动。

数据分析和应用的实现，需要一支专业的技术团队，包括数据分析专家、信息技术专家、草原生态专家等，负责具体工作。同时，还需要引入外部的专业机构和专家，为数据分析和应用提供咨询和指导。

通过有效的数据分析和应用，可以从大量的监测数据中提取出有用的信息和知识，为草原生态研究、保护和管理提供科学的依据和有效的支持。

（三）互操作性和可扩展性

互操作性和可扩展性是草原监测管理信息平台必须具备的关键特性，它们保障了平台在复杂的信息环境中的有效运作和持续发展。

互操作性是指平台能够与其他系统进行有效的数据共享和集成。例如，平台需要从气象系统中获取草原的气候条件信息，从土壤系统中获取草原的土壤性质信息，这些对于了解草原的生态状态和过程非常重要。为了实现良好的互操作性，平台要采用开放的数据格式和接口标准，遵循数据共享的原则和规范。平台要建立一套完整的数据共享和集成流程，包括数据的请求、接收、转换、存储等环节。此外，平台还要与其他系统进行持续的协作和沟通，处理数据共享和集成中的各种问题和挑战。

可扩展性是指平台能够适应未来的技术变化和管理需求。随着科技的进步和管理环境的变化，平台需要引入新的数据源、分析方法和服务功能；为了实现良好的可扩展性，平台要采用模块化的设计和开放的技术架构，方便新的组件的添加和替换；平台要实现数据和功能的动态扩展，能够处理更大的数据量和提供更丰富的功能服务；此外，平台要建立一套完整的技术更新和需求响应流程，包括技术的调研、评估、引入、测试等环节。

通过实现良好的互操作性和可扩展性，草原监测管理信息平台可以更好地服务于草原生态的监测、研究、保护和管理，为草原的可持续发展提供强大的信息支持。

（四）用户友好性和开放性

用户友好性和开放性是草原监测管理信息平台的两大关键要素，不仅能提升平台的使用体验，还能推动草原生态的研究和教育进程，对于提升平台的服务质量和影响力具有重要意义。

用户友好性关注的是平台的易用性。这需要在进行平台设计时采取用户中心的策略，关注使用者的需求和体验。各级管理人员需要从平台获取草原的数据信息，进行分析判断，制定决策。因此，平台的用户界面应清晰易懂，操作流程应直观简捷。例如，数据展示部分应采用直观的图表和地图，而不仅仅是原始的数据表格；操作指引应采用明确的文字和图标，而不仅仅是抽象的命令代码。此外，平台还应提供充足的用户支持，包括详细的使用说明、常见问题解答、在线帮助和技术服务等。

开放性关注的是平台的共享性。在尊重数据安全和隐私的前提下，平台应尽可能地对外部用户开放。这既包括草原科研人员，他们需要访问和使用数据进行研究，也包括草原教育者和学习者，他们需要访问和使用数据进行教学。通过数据开放，平台可以促进草原生态的研究，推动科学发现和理论创新；平台可以支持草原生态教育，培养公众的环境意识和科学素养。为了实现数据开放，平台需要采用开放的数据格式和接口标准，建立完整的数据共享和服务流程。

草原监测管理信息平台的建设是一项长期、系统和复杂的工作，需要政府、企业、学术机构和社会各界的共同参与和协作。只有这样，才能充分发挥林草生态网络感知系统的优势，提升草原管理的效率和水平。

二、草原监测评价

草原监测评价是草原生态管理中不可或缺的一部分。通过精确地监测和评价，能够详细了解每块草原的分布、面积、健康状况以及其动态变化，这些信息对于科学的草原管理和保护至关重要。

（一）草原分布和面积

卫星遥感技术在草原分布和面积的识别中扮演着核心角色。它的优越性在于可以提供全局的视角和连续性的数据，不受地理位置、气候条件等现场因素的限制。

在遥感影像中，对于草原的分布位置和面积，可以通过特定的光谱特征进行识别。由于草原生态系统中的植被具有特定的反射、吸收和散射光线的特征，因此在遥感影像中，草原区域往往会表现出独特的光谱信号。研究人员可以根据这些光谱信号，运用分类算法将草原区域与其他地表类型区分开来，从而得到草原的分布图。通过测量这些分布图，就可以得到草原的面积。

此外，通过定期的遥感监测，可以观察到草原生态系统的动态变化。例如，发现草原在地理空间上的扩张或收缩，这可能反映了气候变化或人类活动的影响；发现草原向其他地表类型（如农田、森林、荒漠）的转化，这可能反映了生态演替或土地利用的变化。这些动态变化的信息对于理解草原生态的演变机制，预测草原生态的未来趋势，以及制定草原生态保护策略，都具有重要的参考价值。

遥感技术在草原分布和面积的监测中具有不可替代的作用。它不仅提供了大规模、连续的观测数据，还提供了空间变化的动态信息。因此，遥感技术是草原生态研究和管理的重要工具。

（二）草原健康状况

草原健康状况的监测，以实地调查为基础，通过定位采样、实地观测和实验室分析的方法，得出关于草原物种组成、生物量、生产力、营养状况等多维度的信息。这些信息的获取和分析，对于草原健康状况的评估、草原退化和恢复的识别，以及草原生态关键驱动因素的分析至关重要。

在草原健康状况的评估上，重点在于植物物种的计数和种群数量的估计。这需要对草原进行系统的定位采样，通过植物学的方法识别出各种植物物种，然后使用统计方法估计出它们的数量。草原植被盖度和种类的多少，是衡量草原生态多样性的重要指标，也是评价草原生态健康状况的重要依据。

在草原健康状况的评估上，还关注草原生态系统的功能特性，如生物量、生产力和营养状况。对于生物量和生产力，可以通过实地测量和实验室分析来确定。要想了解营养状况，则需要分析草原植物体内的营养元素含量，如氮、磷、钾等，这通常需要在化验室进行化学分析来完成。

这些详细的草原健康状况监测数据，可以为草原生态系统的管理和保护提供科学依据。通过这些数据，可以评价草原的健康状况，识别出草原退化的迹象，预测草原生态的变化趋势，以及制定科学有效的草原保护措施。同时，这些数据也可以为草原生态的研究提供丰富的素材，有助于深入了解草原生态系统的结构和功能，揭示草原生态系统的关键驱动因素。

（三）草原空间信息的展现

草原空间信息的展现，是草原监测工作中的关键环节。地理信息系统（GIS）和地理可视化技术在这方面具有显著的应用价值，可直观、形象地展示草原空间信息，有利于信息的交流和分享，让管理者和研究者可以通过地图和空间模型直观地了解草原的空间分布模式，识别草原生态的空间变化趋势，预测草原生态的空间变化情景。

地理信息系统（GIS）是一个强大的工具，它可以收集、存储、管理、分析和展示各种空间数据。在草原监测中，GIS能够整合不同来源的数据，如遥感图像、地形数据、气候数据等，形成一个全面、连续的草原空间信息图层。GIS 的强大分析功能，如空间分析、网络分析、地统计分析等，有助于揭示草原空间信息的内在规律，从而更好地理了解和管理草原生态。

地理可视化技术是另一个重要工具，它可以将复杂的空间数据转化为直观、形象的图像，如二维地图、三维模型、动态模拟等。地理可视化不仅有助于更好地理解空间数据，还能够提高信息的交流效率，促进跨学科的协作。例如，通过动态地图展示草原的历史变化过程，通过三维模型呈现草原的地形特征，通过空间模拟预测草原的未来变化情景。

综合运用 GIS 和地理可视化技术，可以全面、深入、直观地展现草原空间信息，更好地了解和管理草原生态系统，更有效地推动草原保护和可持续利用目标的实现。

（四）信息共享和交互传输

信息共享和交互传输在草原监测评价中扮演着重要的角色。建立一个开放、透明和安全的信息平台，不仅可以使各级管理者、研究者、公众都能访问和使用草原监测数据，还有利于实现数据的最大化利用，推动草原生态研究和管理的发展。

这个信息平台应包含各类草原监测数据，如草原分布、面积、数量、质量、生产力、灾害状况等，数据的采集、处理、存储和展示应遵循统一的标准和规范，以保证数据的质量和一致性。平台应提供友好的用户界面和操作流程，使用户可以方便地查询、下载和使用数据。平台也应提供一系列的数据分析工具，如数据挖掘、统计分析、空间分析等，以支持用户对数据的深入理解和应用。

此外，信息交互是数据共享的重要补充。有效的信息交互方式，可以促进各级管理者、研究者之间的数据交流和协作，提高工作效率，避免资源浪费。信息交互可以通过邮件、社交媒体、在线论坛、视频会议等方式实现，也可以通过开发专门的协作软件和平台来实现。信息交互应注重保护用户的隐私和数据的安全，避免数据的误用和滥用。信息共享和交互传输是草原监测评价的关键环节，需要投入足够的资源和精力去建设和维护，以实现草原生态的可持续管理。

在未来的工作中，还需要进一步提高草原监测评价的精度和效率，如引入更为先进的遥感技术和自动化监测设备，发展更为复杂的数据分析模型和方法，以及建立更为完善的信息共享和交互传输机制。这样，才能更好地管理和保护草原生态，实现草原的可持续利用。

三、草原资源调查监测的关键指标

草原资源调查监测是全面了解草原生态系统的基础，其主要关注草原的基本信息、生长状况、生产力、灾害状况、生态状况、利用状况以及保护修复和行政执法等专题属性。这种广泛的监测和调查使管理者能对草原的各个方面有深入了解，从而做出科学合理的管理决策。

草原资源调查监测的关键指标包含七点，如图7-4所示。

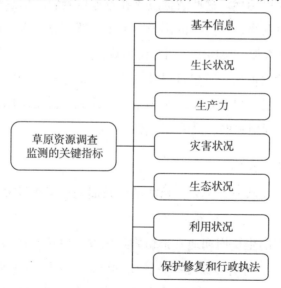

图7-4 草原资源调查监测的关键指标

（一）基本信息

草原基本信息，主要包括草原的位置、面积、类型等基础数据，是构建草原数据库和实现草原信息化管理的基础。草原的位置指的是草原在地球上的精确地理坐标，包括经度、纬度和海拔高度。这些信息能够帮助管理者和研究者准确地定位草原，理解草原的地理分布和地理环境。

草原的面积信息，表示草原的空间范围，对于草原生态系统的研究和保护有着重要的意义。通过定量的面积信息，可以了解草原的覆盖程度，评估草原生态系统的生产力和承载力，预测草原生态的变化趋势。

草原类型的信息，包括草原的植物组成、气候类型、土壤类型等。这些信息可以反映草原的生态特性和生物多样性，对于草原的科学研究和有效管理至关重要。了解草原类型，有助于确定合适的管理策略，如草原的利用方式、保护措施和修复方案。

这些基础数据都应该以规范、一致的格式和标准收集和存储，确保数据的质量和可用性。这些数据应该在草原监测管理信息平台上实现动态更新和实时共享，使所有的用户，无论是草原管理者、研究者，还是公众，都可以方便、快捷地访问和使用数据。

这样的数据框架，不仅可以加强草原的信息化管理，提高管理的效率和准确性，还可以支持草原生态系统的研究，推动草原科学发展，为草原的可持续利用和保护提供科学依据。

（二）生长状况

草原的生长状况，主要由植物的生长周期、生物量等参数体现，这些都是评价草原生产力的重要指标。

草原植物的生长周期通常指植物从萌发、生长、开花、结籽到萎黄的全过程，这个周期的长度和特征受到气候、土壤等环境因素的影响。植物的生长周期对草原的生产力有着直接影响。例如，如果一个区域的草原植物生长周期长，那么这个区域的草原可能具有较高的生产力，反之则可能生产力较低。对草原植物生长周期的监测和分析，有助于理解草原生产力的动态变化，预测草原生态的变化趋势，以及制定合适的草原管理和利用策略。

草原的生物量，主要指草原植物的总重量，是评价草原生产力的另一个重要指标。草原生物量包括地上部分（如茎、叶、花、籽）和地下部分（如根）的重量。草原生物量的大小，可以反映草原的生产力和营养价值，对于草原的利用和保护具有重要意义。对草原生物量的测量和监测，有助于评价草原的健康状况，识别草原退化和恢复的标志，以及分析草原生态的关键驱动因素。

通过草原监测评价系统，可以定期收集和更新草原的生长状况数据，如植物的生长周期、生物量等参数。这些数据可以在草原监测管理信息平台上实现动态展示和实时共享，使所有的用户，无论是草原管理者、研究者，还是公众，都可以获取最新、最全面的草原生态信息。

（三）生产力

草原生产力是指草原每年能够产生的生物量，也是衡量草原生态系统健康状况和服务功能的重要指标。草原生产力的高低直接影响草原的利用价值，如放牧、草料收割等，也影响草原生态的保护和修复。

草原生产力的评估，通常需要采用遥感技术和实地调查等手段。遥感技术主要是通过卫星或无人机等平台上的遥感器，对草原地表反射的电磁波进行监测和分析，从而推断出草原的生物量。遥感技术的优势在于能够提供大范围、连续、定量的草原生产力数据，但是这种数据的精度和可信度，往往需要通过实地调查进行验证和修正。

实地调查主要是通过现场采样、观测和测量，获取草原植物的物种、数量、高度、覆盖度等信息，从而估算出草原的生物量。实地调查的优势在于能够提供准确、详细的草原生产力数据，但是这种数据的获取范围和频率，通常受到人力、物力、财力等资源的限制。

在草原生产力的评估中，遥感技术和实地调查是相辅相成的，需要通过科学合理的设计和执行，以及高效的数据处理和分析，才能够获取可靠的草原生产力信息。对于草原生产力的准确评估和连续监测，不仅有助于了解草原生态的当前状况，预测草原生态的未来趋势，还有助于制定合理的草原管理和利用策略，保障草原生态的可持续发展。

（四）灾害状况

草原灾害状况包括各类对草原生态造成破坏的因素，这些因素可以是自然的，也可以是人为的，其中主要包括鼠虫害、过度放牧、野火等。

鼠虫害是草原生态系统的主要破坏因素之一。鼠类和昆虫在草原生态系统中起着重要的生态作用，如作为食物链的一环，参与物质和能量的流动。但是，当它们的数量过多时，就会对草原生态系统产生负面影响，如损害草原植物，影响草原的生产力和稳定性。因此，鼠虫害的监测和控制是草原管理的重要任务。

过度放牧是草原退化的主要原因之一。放牧是草原的主要利用方式，对维持草原生态系统的稳定和多样性有着积极作用。但是，当放牧强度过大，超过草原的承载力时，就会引发草原退化，表现为植物群落结构的破坏、土壤质量的下降、水土流失的加剧等。因此，放牧管理，特别是控制放牧强度，是草原保护和修复的关键措施。

野火是草原生态系统的重大威胁之一。火灾可以迅速破坏草原生态系统，消耗生物量，影响物种多样性，改变土壤性质，阻碍草原的自然恢复。野火的预防和控制，需要依靠科学的火灾管理策略，包括火源管理、火灾监测、火灾预警、火灾扑救等。

草原灾害状况的评估和监测，需要采用科学的方法和技术，如遥感技术、GIS 技术、生态模型等。同时，需要基于实际的草原生态状况和管理需求，制定合理的灾害防治策略和措施，以实现草原的生态保护和可持续利用。

（五）生态状况

草原的生态状况涵盖了多个方面的环境指标，包括物种多样性、水源保护和土壤养分等，这些都是评价草原生态健康状况的重要因素。

物种多样性是衡量生态系统健康的重要指标。物种多样性反映了草原生态系统的复杂性和稳定性。生物多样性包括物种的丰富度和物种的均匀度，包括植物、动物和微生物等多个生物层次。这些物种通过食物链、食物网和其他生态过程相互连接，共同构成草原生态系统的整体结构和功能。物种多样性的保护和提高，是草原生态系统管理和修复的重要目标。

水源保护在草原生态保护中也起着至关重要的作用。草原是重要的水源涵养区，对于维护水源的稳定、防止水土流失、保持水生态平衡等具有重要作用。草原水源保护的主要措施包括保护水源涵养地、恢复草原湿地、防止水源污染等。

土壤养分是草原生产力的基础。土壤养分的供应和循环，对草原植物的生长和草原生态系统的稳定有直接影响。土壤养分的管理，主要包括合理使用肥料，维持土壤有机质，促进土壤生物活动，防止土壤盐碱化，等等。

（六）利用状况

草原的利用状况主要涉及草原的实际利用方式和程度，具体包括放牧、旅游等各种人类活动。

放牧是草原最传统也最主要的利用方式。从古至今，草原一直是畜牧业的重要基地，为人类提供了大量的肉类、奶类和毛皮等产品。放牧活动的规模和方式，直接影响草原生态系统的健康状况和持久性。恰当的放牧管理可以维护草原生态系统的稳定性，提高草原生产力，而过度放牧则可能导致草原退化和草地生态环境的破坏。因此，科学合理的放牧管理是草原可持续利用的重要环节。

旅游是草原新兴的利用方式，尤其在自然保护区和风景名胜区，草原生态旅游成了一种重要的经济活动。草原生态旅游不仅能为游客提供独特的自然景观和人文体验，还能为当地带来重要的经济收入。然而，不合理的旅游活动可能对草原环境造成负面影响，包括破坏植被、污染水源、干扰野生动物等。因此，合理规划和管理草原生态旅游，以促进当地旅游经济和草原生态系统的和谐发展，是草原管理的重要任务。

在这些草原利用活动中，要兼顾经济效益和生态效益，遵循草原可持续利用的原则。这需要科学的草原管理策略，以及有效的草原监测和评价体系。通过这些手段，可以实现草原资源的最优配置，最大限度地提高草原的经济价值和社会价值，同时保护和恢复草原生态环境。

（七）保护修复和行政执法

草原资源的保护修复和行政执法涵盖了众多领域，首要任务在于制定并执行一套周全的草原资源保护法规，其中包括防止过度放牧、禁止非法猎捕草原动物、限制草原地区的工业污染、规定恰当的草原土地利用等具体措施。

行政执法工作的核心在于有效监督和执行这些法规。这需要相关管理部门、环保组织、社区以及个人共同努力，密切合作。执法人员需要定期进行巡查和监督，以确保法规的执行。同时，任何违法行为都要受到相应的处罚，以防止类似行为的再次发生。在这一过程中，不仅要监测草原的现状，还要对过去的数据和信息进行回顾，以确保法规的长期执行效果。

草原保护和恢复工作则是在草原资源受到破坏后，采取措施使其恢复到自然状态或者接近自然状态。这通常需要科研工作者、环保专家和当地社区的共同努力，因为草原的保护和恢复需要广泛的专业知识和深入的实践经验。

草原保护修复和行政执法的目标是建立一个可持续的草原管理体系，旨在平衡草原的生态价值和经济价值，以实现长期的草原保护和利用。

通过信息化管理，可以在一定程度上自动收集、处理和分析草原监测数据，大大提高工作效率。同时，通过构建草原监测管理信息平台，可以实现数据的集中管理和共享，避免信息孤岛现象，提高数据利用效率。

草原管理的精细化、数字化和科学化转变，可以使草原管理更加适应现代社会的需求，更好地服务于社会和经济发展。这需要利用现代信息技术，如物联网、云计算、人工智能等，构建高效、智能的草原管理系统。

大量数据的高效管理应用，不仅需要高效的数据处理能力，还需要有对数据的深入理解和精细分析。通过数据挖掘、机器学习等方法，可以从大数据中提取有价值的信息，为草原管理提供科学依据。在未来，随着信息技术的不断发展，草原监测和管理也将向精细化、智能化发展，为草原的保护和可持续利用提供强大的技术支撑。

参考文献

[1] 陈功，余成群，沈振西．高寒人工草地 [M]．昆明：云南科技出版社，2022．

[2] 辛晓平，徐丽君，李达．天然草地合理利用 [M]．上海：上海科学技术出版社，2021．

[3] 刘长仲，姚拓．草地保护学 [M]．3 版．北京：中国农业大学出版社，2021．

[4] 汪玺．天然草原植被恢复与草地畜牧现代化技术 [M]．兰州：甘肃科学技术出版社，2004．

[5] 陈功，余成群，沈振西．高寒人工草地 [M]．昆明：云南科技出版社，2022．

[6] 陈功．草地质量监控 [M]．昆明：云南大学出版社，2018．

[7] 朱丽．黄河重要水源补给区退化草地综合治理研究 [M]．兰州：兰州大学出版社，2021．

[8] 李建平，张昊．黄土高原封育草地深层土壤碳氮动态 [M]．银川：宁夏人民出版社，2021．

[9] 李峰，花梅，陶雅．人工草地常见杂草防治（汉蒙双语版）[M]．上海：上海科学技术出版社，2021．

[10] 徐丽君，王笛，孙雨坤．人工草地建植技术（汉蒙双语版）[M]．上海：上海科学技术出版社，2021．

[11] 吴恒，罗春林，朱丽艳，等．基于土地利用调查成果的草原资源监测技术研究 [J]．安徽农业科学，2021，49（20）：80-83．

[12] 崔巍．对自然资源调查与监测的辨析和认识 [J]．现代测绘，2019，42（4）：17-22．

[13] 张建辉，吴艳婷，杨一鹏，等．生态环境立体遥感监测"十四五"发展思路 [J]．环境监控与预警，2019，11（5）：8-12．

[14] 付晶莹，彭婷，江东，等．草地资源立体观测研究进展与理论框架 [J].

资源科学，2020，42（10）：1932-1943.

[15] 杨红梅.甘肃省草原资源野外调查方法与技术流程研究 [J].甘肃畜牧兽医，2018，48（9）：77-80.

[16] 冯琦胜，殷建鹏，杨淑霞，等.草层高度遥感监测研究进展 [J].草业科学，2018，35（5）：1040-1046.

[17] 廖小罕，师春香，王兵.从无人机遥感、数据融合、生态价值：谈自然资源要素综合观测体系构建 [J].中国地质调查，2021，8（2）：4-7.

[18] 李玉美，郭庆华，万波，等.基于激光雷达的自然资源三维动态监测现状与展望 [J].遥感学报，2021，25（1）：381-402.

[19] 周磊，辛晓平，李刚，等.高光谱遥感在草原监测中的应用 [J].草业科学，2009，26（4）：20-27.

[20] 李凤贤.无人机技术在草原生态遥感监测中的应用与探讨 [J].测绘通报，2017，63（7）：99-102.

[21] 朝鲁门.无人机技术在草原生态遥感监测方面的探索 [J].南方农业，2018，12（8）：164-165.

[22] 高姻燕，马青山，张欣雨，等.基于无人机的草原毛虫监测初探 [J].草业科学，2020，37（10）：2106-2114.

[23] 伏帅，冯琦胜，党菁阳，等.基于无人机图像的草地植被盖度估算方法比较 [J].草业科学，2022，39（3）：455-464.

[24] 陈全功.中国草原监测的现状与发展 [J].草业科学，2008（2）：29-38.

[25] 谭忠厚，马轩龙，陈全功.基于"3S"技术与地面调查相结合的草原监测：以青海省黄南和海南地区为例 [J].草业科学，2009，26（11）：25-31.

[26] 王铁梅.我国草原资源调查的制度与方法思考 [J].中国土地，2020（3）：39-41.

[27] 李中锋，高婕，钟毅.西藏草地生态安全评价研究：基于生态系统服

务价值改进的生态足迹模型 [J]. 干旱区资源与环境, 2023, 37 (4): 9-19.

[28] 孙敏轩, 冀正欣, 马玮哲, 等. 中国草地资源调查历程及规范化遥感解译框架探索 [J]. 草地学报, 2023, 31 (3): 623-631.

[29] 关士琪, 赵孟琳, 唐增, 等. 草地流转的收入效应: 来自青藏高原牧区的证据 [J]. 干旱区资源与环境, 2023, 37 (3): 1-8.

[30] 叶辉, 冯丹, 徐全元, 等. 云南草地贪夜蛾区域生态防控思想与对策 [J]. 云南大学学报 (自然科学版), 2023, 45 (2): 523-530.

[31] 薛鹏飞, 宋冰, 赵英. 草地生态系统植物群落及碳交换对气候变暖的响应研究进展 [J]. 生态科学, 2023, 42 (2): 257-265.

[32] 李飞, 李冰, 闫慧, 等. 草地遥感研究进展与展望 [J]. 中国草地学报, 2022, 44 (12): 87-99.

[33] 严俊, 旦久罗布, 张海鹏, 等. 藏北高原那曲天然草地类型及其分布特征 [J]. 高原农业, 2022, 6 (6): 526-535, 546.

[34] 程杰, 张瑞, 杨培志, 等. 黄土区典型退化草地 40 年封禁恢复过程研究 [J]. 水土保持研究, 2023, 30 (1): 34-40.

[35] 张春辉, 赵亮, 赵新全. 草地多功能目标管理的理论基础、技术原理及实现途径 [J]. 草业学报, 2023, 32 (3): 212-223.

[36] 欧阳玲, 马会瑶, 武秀艳, 等. 内蒙古东部地区草地植被覆盖时空变化遥感分析 [J]. 赤峰学院学报 (自然科学版), 2022, 38 (10): 11-14.

[37] 李紫晶, 高翠萍, 王忠武, 等. 中国草地固碳减排研究现状及其建议 [J]. 草业学报, 2023, 32 (2): 191-200.

[38] 刘博, 李志红, 郭韶堃. 草地贪夜蛾入侵机制概述 [J]. 植物保护学报, 2022, 49 (5): 1313-1328.

[39] 谭心阳, 赵海婷, 曹美伦, 等. 国内草地贪夜蛾发生、为害及防治现状 [J]. 现代农药, 2022, 21 (5): 13-20.

[40] 陈宸, 井长青, 赵苇康, 等. 新疆草地质量对气候变化的响应及其变

化趋势 [J]. 草业学报，2022，31（12）：1-16.

[41] 慈建勋. 天然草地改良技术研究 [J]. 今日畜牧兽医，2022，38（9）：78-79.

[42] 石明明，王喆，周秉荣，等. 青藏高原草地退化特征及其与气候因子的关系 [J]. 应用生态学报，2022，33（12）：3271-3278.

[43] 熊一，肖慧，裴刚，等. 2019—2021 年勉县草地贪夜蛾发生特点及防控做法 [J]. 基层农技推广，2022，10（9）：73-74.

[44] 张凯丽，叶茂，何强强，等. 阿尔泰山哈巴河地区不同草地类型物种多样性及 VOR 指数分析 [J]. 水土保持学报，2023，37（1）：262-271，279.

[45] 姜安静，董乙强，居力海提，等. 封育对不同草地类型土壤细菌群落特征的影响 [J]. 草地学报，2022，30（10）：2600-2608.

[46] 叶辉，李永萍，冯丹，云南边境地区草地贪夜蛾防控屏障构建 [J]. 云南大学学报（自然科学版），2022，44（5）：1054-1061.

[47] 邢光延，申紫雁，刘昌义，等. 三种影响条件下黄河源区高寒草地土壤物理及力学性质 [J]. 农业工程学报，2022，38（16）：180-189.

[48] 李佳秀，张青松，杜子银. 减畜对草地植被生长和土壤特性的影响研究进展 [J]. 草地学报，2022，30（9）：2280-2290.

[49] 聂华月，高吉喜. 退化草地杂草生态影响及蔓延机制研究进展 [J]. 中国草地学报，2022，44（7）：101-113.

[50] 王鹤琪，范高华，黄迎新，等. 中国北方草地生产力研究进展 [J]. 生态科学，2022，41（5）：219-229.

[51] 高娅妮，谢治国，李联队，等. 陕西草地资源现状、存在问题与对策建议 [J]. 安徽农业科学，2022，50（14）：98-100.

[52] 古琛，贾志清，杜波波，等. 中国退化草地生态修复措施综述与展望 [J]. 生态环境学报，2022，31（7）：1465-1475.

[53] 郭丽娜，刘岩 . 草地贪夜蛾的危害及其防控策略概述 [J]. 生物学教学，
2022，47（7）：8-10.

[54] 苏玥 . 基于 RBF 神经网络和 CVOR 综合指数的草地健康评价 [D]. 呼和
浩特：内蒙古农业大学，2022.

[55] 路鹏 . 基于遥感图像的草地干旱监测研究 [D]. 呼和浩特：内蒙古农业
大学，2022.

[56] 周莉 . 青藏高原草原畜牧业绿色发展研究 [D]. 成都：四川大学，2022.

[57] 张博 . 新时代高校"课程思政"建设研究 [D]. 长春：吉林大学，2022.

[58] 邱晓 . 放牧和模拟气候变化对草地生态系统植被与土壤碳氮循环特征
的影响 [D]. 呼和浩特：内蒙古农业大学，2022.

[59] 丁金梅 . 宁夏中南部草地生态安全评价研究 [D]. 银川：宁夏大学，
2022.

[60] 赵云飞 . 青藏高原高寒草地土壤有机碳来源、周转及驱动因素 [D]. 兰州：
兰州大学，2022.

[61] 刘亚红 . 内蒙古草地生态系统服务功能及主要影响因素研究 [D]. 呼和
浩特：内蒙古农业大学，2022.

[62] 王世泽 . 克什克腾旗牧民专业合作社保护性利用草地的影响因素研究
[D]. 呼和浩特：内蒙古农业大学，2022.

[63] 王天伟 . 放牧与施肥对半干旱草地生态水文调控作用研究 [D]. 西安：
西安理工大学，2022.

[64] 刘雨 . 基于生态需水的西部典型牧区草地种植结构研究 [D]. 西安：西
安理工大学，2022.

[65] 杜世丽 . 春季放牧对祁连山高寒草甸草地的影响 [D]. 西宁：青海大学，
2022.

[66] 张斌 . 降水和草地利用方式变化对内蒙古温带草原生产力及稳定性的
影响 [D]. 呼和浩特：内蒙古大学，2022.

[67] 李倩 . 基于深度学习的草地产草量预测方法研究 [D]. 包头：内蒙古科技大学，2022.

[68] 吴小龙 . 半干旱区放牧管理草地土壤水分 – 溶质运移与优先流响应机制 [D]. 呼和浩特：内蒙古农业大学，2022.

[69] 尤思涵 . 天然草地牧草青贮发酵特性及其优良乳酸菌筛选研究 [D]. 呼和浩特：内蒙古农业大学，2022.